¿CÓMO CAMBIAR EL MUNDO SIN PEDIR PERMISO?

¿CÓMO CAMBIAR EL MUNDO SIN PEDIR PERMISO?

VIDA Y OBRA DEL DOCTOR JOSÉ IGNACIO BLANCO CORDERO

por Luis Miguel Díez

1ª Edición, 14 Abril 2023

2ª Edición, 02 Mayo 2023

3ª Edición, 20 Diciembre 2023

© Luis Miguel Díez

Diseño cubierta: © Luis Miguel Díez

Diseño interior: © Amazon

INTRODUCCIÓN

Imagina tener en tus manos, en tu mente, la solución a uno de los mayores males ya no solo para ti, para tus seres queridos, para tu barrio, ciudad, país, sino de todo el mundo. Imagina tener la responsabilidad de no dejarte llevar por las emociones y con mente fría tratar de paliar una enfermedad tan grave como el cáncer con los escasos medios de los que se disponían allá por los años 60 y 70, ya que la tecnología estaba mucho menos avanzada, por lo tanto la enfermedad no estaba tan estudiada y analizada, causaba mucho más miedo y los tratamientos eran caros, agresivos y no tan fiables.

Ahora imagina que una vez descubierto, demostrado y haber salvado a centenares de personas, tener además la presión de gran parte de organizaciones médica dedicadas a la lucha contra el cáncer. Poniéndote una zancadilla diplomática una y otra vez, teniendo que demostrar tu veracidad siempre aquí y ahora, lastrando la dificultad de hacer llegar a todo el mundo tu remedio.

Un remedio hecho desde la mejor intención y que, sin entender por qué, es empujado al fondo abismal del olvido. Simplemente por mera especulación nacida de la envidia, alimentada por la incertidumbre y la avaricia.

Piensa cuál es tu profesión, tu pasión, a qué estás dedicando el tiempo que te queda en este mundo. ¿Se unen tu profesión y tu pasión? ¿Son totalmente opuestas? Por ejemplo, trabajas en una cadena de montaje de vehículos a motor pero tu pasión es jugar al ajedrez. O aún mucho peor, y me temo, que es la más abundante en nuestros días, tu trabajo opaca tu pasión, frena en seco tus ganas de realizar cualquier actividad fuera de tu horario laboral. Trabajas durante 10 horas al día en un trabajo que te sostiene en la vida, en la sociedad, pero en lo único que piensas es en llegar a casa y descansar, porque te está quitando la vida poco a poco.

La historia la han escrito sesgadores de almas, recolectores de mano humana para sus propios propósitos. Pero ésto, ya no es un sermón gritado a viva voz por el loco del pueblo en la taberna del centro. Todos sabemos que la historia está contada por los vencedores, quienes conquistan, arrasan con sus enemigos y consiguen implantar su idea como la verdad absoluta, aunque, obviando que la verdad absoluta no existe, en la mayoría de los casos ni se acerca a la verdad real.

Imagina también que tienes una pareja, que no hace nada, que pone excusas para todo, aún así pide mucho y encima te convence de que lo que tú haces, que es lo que le mantiene y le tiende la mano para evolucionar, tampoco vale para nada. Acabarías quebrado, hecho papilla mentalmente y, a posteriori, físicamente. Acabando lentamente primero con tu pasión, después con tu propia personalidad.

Te invito a preguntarte cuánto duraría esa pasión por tu trabajo, esa dedicación por algo que no consigue cuajar entre la élite de la medicina, cuando vieras que tu descubrimiento no te reporta beneficios, al contrario te genera un estrés extremo, negativas por todas partes, acoso por parte de detractores, pacientes desesperados y prensa.

Trabajando día y noche, apenas sin descansar, para intentar conseguir una aprobación que nunca se da. ¿Cuánto tiempo tardarías en desistir y buscar un trabajo cómodo, lejos de miradas afiladas y puñaladas por la espalda? No es fácil no saber distinguir amigos de enemigos, pensar continuamente por dónde colisionará tu dedicación contra los intereses establecidos por un sistema perfectamente montado, que no quiere renovarse, por muy buena que sea esa actualización.

Pasamos nuestra vida, nuestra historia, pensando que no somos suficiente para cambiar algo, suficientes para intentar mejorar nuestro alrededor, que eso es cosa de otros. No queremos ser los causantes del conflicto, no por el hecho de crearlo en sí, sino porque no creemos ser capaces, y en numerables casos no somos mental o físicamente capaces, para enfrentarnos a las consecuencias de nuestros actos, a ser la voz cantante de nuestro propio movimiento.

Pero, pensándolo fríamente, gracias a aquellos y aquellas, con nombre y apellidos, que tuvieron un par de lo que tuvieran para desmontar su alrededor y volverlo a montar de manera mucho más eficiente, hoy vivimos como vivimos, por eso hay tantos avances. Aunque por otra parte, existe otra gente con poder que consigue crear un sistema dentro del sistema para ser los únicos que tienen ese poder sobre algo específico o incluso alguien.

En este caso lo fue en el ámbito de la medicina. Malnacidos que tenían el control del monopolio, alimentados por la prensa y por la falacia, en gran medida fusionadas, consiguieron lastrar todo el trabajo del Doctor Blanco, que con buena fe y prácticamente sin medios, consiguió abrirse paso poco a poco y gracias al boca a boca, entre los pacientes que más necesitaban sus servicios.

Y es que hay una diferencia muy clara, aunque a veces poco palpable, entre un héroe y un ser inteligente aprovechado, sólo movido por el interés. La diferencia se consigue englobando muchas acciones, para convertirse en actos. Y cada acción viene movida por un pensamiento, donde puede analizarse las intenciones de una persona. Mientras el Doctor Blanco, el propio descubridor de la droga I.CE.BE -119, suministraba el nunca denominado fármaco a sus pacientes de forma gratuita. Ya fuera día, tarde, noche o madrugada. Su meta, su ambición era salvar el mayor número de vidas, pasar a la historia como uno de los mayores descubridores de la medicina del siglo XX. Mientras que otros, descubridores de potentes remedios, el fin es simple y llanamente llenarse los bolsillos y lamer los culos más poderosos de su rama laboral, para quizás, ciegos de codicia, en algún momento conseguir esos mismos puestos poderosos, que puede que nunca consigan, pero que esa pequeña posibilidad que ronda su cabeza, es suficiente para poder comportarse como auténticas ratas, con perdón de las ratas.

La vida profesional del Doctor José Ignacio Blanco Cordero debería estudiarse en las facultades de medicina de todo el país, como una historia de superación, de lucha, de persistencia y de éxito. Un éxito barrido debajo de la alfombra.

Don Ignacio Blanco nunca se rindió, solo la muerte consiguió parar su trabajo. Una muerte que a día de hoy todavía no está clara, porque ni siquiera la prensa fue transparente en su vida, y a la que, por supuesto, no se le permitió acudir a su entierro, agolpada en masa a las puertas del cementerio.

Sociedad

El traslado del cadáver del doctor Blanco Cordero pudo ser ilegal

GERARDO GONZÁLEZ MARTIN

Ⓢ f 🐦 ℰ

La semana pasada, noticias procedentes de Zaragoza dieron a conocer la muerte en Vigo, donde pasaba unas vacaciones, del doctor Blanco Cordero, polémica figura de la medicina desde que anunció el descubrimiento de una droga «ICB-119», con poderes anticancerígenos. Ahora, las autoridades sanitarias y municipales investigan el posible traslado ilegal del cuerpo.

Según el reglamento de policía mortuoria, el cadáver debió ser trasladado utilizando el servicio funerario municipalizado de Vigo, al menos en los límites de este Ayuntamiento. El servicio no fue requerido a estos efectos, por lo que ha iniaciado la oportuna investigación. Tampoco hay constancia en la Jefatura Provincial de Sanidad, por lo que se ha abierto paralelamente otro informe sobre el tema.

NEWSLETTER

Por qué a los Óscar de este año les gusta tanto fotografíar las vidas de los famosos

Sociedad

El traslado del cadáver del doctor Bl pudo ser ilegal

GERARDO GONZÁLEZ MARTIN
Vigo - 08 SEPT 1976 - 00:00 CEST

Ⓢ f 🐦 ℰ

La semana pasada, noticias procedentes de Zaragoza dieron a conocerla muerte en Vigo, donde pasaba unas vacaciones, del doctor Blanco Cordero, polémica figura de la medicina desde que anunció el descubrimiento de una droga «ICB-119», con poderes anticancerígenos. Ahora, las autoridades sanitarias y municipales investigan el posible traslado ilegal del cuerpo.

Según el reglamento de policía mortuoria, el cadáver debió ser trasladado utilizando el servicio funerario municipalizado de Vigo, al menos en los límites de este Ayuntamiento. El servicio no fue requerido a estos efectos, por lo que ha iniaciado la oportuna investigación. Tampoco hay constancia en la Jefatura Provincial de Sanidad, por lo que se ha abierto paralelamente otro informe sobre el tema.

Durante años, esta historia ha quedado archivada, sepultada en los cajones de algun interesado, con la excusa de evitar posicionamientos políticos en plena transición española con la muerte de Franco el año anterior y movimientos en masa de enfermos que suplicaban su medicina y una explicación.

El recuerdo del Doctor Blanco Cordero se fue enfriando, durmiendo en las mentes de quienes conocieron su persona y su trabajo.

Hoy, 50 años después, intento con este libro avivar esa llama, ese esperanzador recuerdo que un día fue arrebatado a la fuerza por alguien, más bien "alguienes" que prefirieron conservar su puesto y condenar a un futuro de muerte a todos los pacientes de cáncer de aquellos años y todos los enfermos posteriores, que no han sido ni serán pocos. Se cuentan por millones. Y siempre irá en aumento hasta que consiga curarse satisfactoriamente.

Hoy vamos a conocer, desde el origen hasta el misterioso final, la vida y trabajo del Doctor José Ignacio Blanco Cordero.

José Ignacio Blanco Cordero nació en Medina de Rioseco, provincia de Valladolid, nos remontamos al año 1936. El mismo año en que comenzaba la guerra civil española, y que, durante los tres años consecutivos, mantuvo a Ignacio y su familia en una limitada y escueta vida en el pueblo, tanto por la guerra, como por las penurias económicas que traspasaron aún años después, al igual que muchas de las familias españolas en aquella época.

Hijo de republicanos, reconocidos a cara descubierta, de madre costurera y padre catedrático y profesor de dibujo en una Academia de Bellas Artes, que fue expulsado posteriormente y retirada su licenciatura en mandato del mismísimo Francisco Franco, caudillo de España.

Ignacio, en aquella situación de ruina casi extrema, mantuvo la compostura y el ánimo para seguir adelante, al igual que su familia, que apenas podían pagar los libros de texto en todos sus años de estudio.

De hecho, un día de primavera, casi alcanzado el verano, a 25° grados al sol, mientras los niños jugaban en la clase de gimnasia, Ignacio era el único que llevaba un jersey encima de la camiseta. Un raído jersey, por cierto. El profesor obligó a quitárselo por el bien del niño, mostrándose así una camiseta, hecha por su madre con un saco de patatas donde, todavía en la espalda, podía leerse el grabado de "peso neto" que indicaba la capacidad original del saco. José Ignacio sufrió la crueldad de los niños sin sentirse cohibido ni avergonzado, pues tenía algo mucho más importante y fuerte que el dinero, el amor de su familia. Solo se limitó a ponerse el jersey y quedarse en silencio.

Algunos jóvenes podían pensar que su mutismo era producto de la timidez y de la inhibición. Por el contrario, simple y llanamente significaba que Ignacio miraba dentro de sí y se formulaba nuevas preguntas, aprendía de cada suceso. Algo que la mayoría de niños de su edad no practicaban.

Personas que lo conocieron cuentan que a los seis años de edad, José Ignacio podía en un momento realizar rápidamente y de memoria multiplicaciones con decimales. Lo que podía preveerse, que estaban ante un hombre de buena mente. Un pensador. Y esa es la diferencia que aportan los seres verdaderamente geniales. No se instalan cómodamente en el mundo. Preguntan, inquieren, violentan las cosas. En consecuencia, tampoco resultan cómodos para los demás. No porque hagan el mal, sino porque no se comportan conforme a los patrones establecidos y son desconocidos a ojos cotidianos. Y ésta es una clave, que le acompañará toda la vida hasta el día de su muerte.

Vivió para los demás

Recibo la triste noticia a las siete de la mañana de ayer, día 2, por teléfono, del fallecimiento del Doctor Blanco Cordero. Quedo perplejo y entristecido, invadido todo mi ser y mi mente de multitud de pensamientos. Creo seguir escuchando con toda la atención y concentración de que soy capaz las largas conversaciones, prácticamente monólogos, que con José Ignacio mantenía y que yo escuchaba extasiado entremezclando preguntas de profano. De esto hace ya algo más de tres años, que es cuando le conocí. Transcurriendo el tiempo cada vez fui entendiendo más lo que él trataba de explicarme de ese difícil y complejo mundo celular que para José Ignacio Blanco Cordero ha constituido toda su vida.

Con emoción recuerdo ahora sus palabras. Cuando me decía que desde niño sintió la vocación para ganar la batalla a la terrible enfermedad, el «cáncer», cuyo solo nombre produce la fatal imposición del «no hay nada que hacer».

Con coherencia, seriedad y absoluta entrega, se dedicó, desde hace 16 años a la investigación y estudio del mundo celular, con los resultados conocidos por muchos, contradictorios para algunos, positivos y eficaces para otros y esperanzadores para los demás.

Poseo uno de los tres ejemplares originales que realizó en el que analiza y refleja los resultados de la obra que estaba efectuando. De esta obra, tesoro único, existe además un ejemplar en la Real Academia de Medicina, y el original que conservaba el autor. Su título: «La célula y el medio extracelular como unidad biológica fundamental. Significación biológica de la Urea». Constituye un avance de resultados experimentales con la apliación del I - BE - CE, y de sus fundamentos teóricos.

Humano, dejando huella, llenando de contenido su vida con hechos, el Doctor Blanco Cordero ha vivido para los demás. Sin distinción de clases, atendía a cuantos a él llegaban, con humanidad, simpatía y haciendo esa medicina personalizada que lo caracterizaba.

La verdad del Doctor Blanco Cordero vive y permanecerá en el corazón de muchos de sus ex-enfermos y el testimonio de su vida y obra quedarán imperecederos en el tiempo. La batalla contra el cáncer la ha ganado el Doctor Blanco Cordero porque ha muerto en la lucha. Otro recogerá su antorcha. El vivirá en el permanente recuerdo de los que le conocimos.

Publio CORDON MUNILLA

Comenzó a estudiar Medicina en la Universidad de Madrid y ya tenía los primeros indicios de la idea sobre lo que en un futuro sería su mayor descubrimiento, una medicina que regeneraría el tejido celular neoplásico.

Es preciso apuntar, que en primera instancia no se planteó investigar sobre las causas del cáncer y tratar de hallar la curación.

Como muchos descubrimientos, el cáncer fue un camino a seguir en un inmenso valle de conocimiento que llevaba buscando durante años. Fundamentalmente ocupaba su mente con pensamientos sobre las variaciones experimentadas por un ser vivo a lo largo de su vida. Se planteaba el por qué del envejecimiento, el por qué de la muerte y las diferencias establecidas entre un ser viejo y uno joven. Algo que muy posiblemente podamos habernos preguntado alguna vez nosotros mismos, pero que José Ignacio con su espíritu inquieto, llevó más allá, muy bien complementado al estar estudiando Medicina.

Investigó los problemas de la célula y su medio, llegando a la conclusión de que una célula era aquello a lo que le obligaba el medio ambiente donde convivía. Clima, cuidados y pensamiento de la persona, ya fuese negativo o positivo influía enormemente en el tejido celular a lo largo del tiempo.

Dió un paso más e investigó qué trastornos fisicoquímicos son suficientes para alterar la célula y qué remedios se podrían proponer. Llegó a conclusiones sorprendentes.

Entonces, una vez obtenido ya el producto, en una fase muy inicial y habiendo comprobado que funcionaba el producto en las ratitas "swisses" que tenían tumoraciones, se fijó en el cáncer como uno de los campos de aplicación de la droga.

DOCTOR BLANCO

blemas de la vida y de la muerte. Podrían haberle conducido a consideraciones metafísicas y a un acomodo religioso. En su lugar se propuso clavar el cuchillo en el meollo de la cuestión, darse explicaciones memorables.

Estudió los problemas de la célula y de su medio. Llegó a la conclusión de que una célula era aquello a lo que le obligaba el medio ambiente. Observaba los problemas graves de degeneración, los cambios de hidratación, la vejez. Un camino de estudio podría ser conocer los procesos degenerativos. Estudió, pues, la célula y su medio. Qué ocurría dentro y fuera. Qué trastornos fisicoquímicos son suficientes para alterar la célula y qué remedios se podrían proponer. Se fijó en la labor importantísima de las materias que luego serían la base del producto. Toda su biografía intelectual está ligada a estas inquietudes. Llegó a conclusiones sorprendentes. Y todo se sorprendente a partir de entonces. Sorprendente y «heterodoxo» el método de trabajo. Todavía hoy algunos químicos se asombran del preparado del doctor Blanco. Su primera reacción es decir: «Esto es imposible». Pero a pocos metros de la discusión está el producto obtenido. ¿Por qué, entonces, se admite el hecho? ¿Por qué empeñarse en negar siempre, rotundamente, sin pararse a pensar? ¿Por qué ese miedo a la aventura intelectual? Espero con ansiedad que el doctor Blanco haga público su método y su armazón científica. Yo he tenido la gran suerte de verlo trabajar y he sentido un entrenaci-

miento. Realmente estamos ante algo nuevo.

Éxito con los «cadáveres»

El doctor Blanco, obtenido ya el producto, se fijó en el cáncer como uno de los campos de aplicación de la teoría y de la droga. Hasta tener esos ratoncitos, el doctor había pasado por experiencias tremendas. Terminó la carrera en 1961. Ya había madurado sus ideas, pero no se atrevía a comunicarlas a nadie. Entró a trabajar en la Facultad de Medicina de Madrid, en el laboratorio de bioquímica, y colaboró con el doctor Tamarit.

Trabaja en enzimas. De este campo le interesa, para su tesis doctoral, la función de la ureasa. El resultado de la tesis, a grandes rasgos, es en primer lugar detectar la presencia de la enzima en el estómago de los animales. El hecho estaba ya demostrado, pero Blanco Cordero manejando la teoría —la enzima era bacteriana—, demuestra que el método empleado inhibe la acción de la enzima, por lo que la demostración de que era bacteriana queda anulada. Su tesis tiene mucho interés para los trabajos posteriores, que forman materia reservada todavía.

Paralelamente, trabaja en su casa para la obtención del producto. Las dificultades económicas son cada vez más agobiantes. Ahora ya no se trata sólo de sobrevivir y de subvenir a los gastos de la carrera, sino de comprar las materias y de tener un modestísimo laboratorio. El instrumental es muy caro y tiene que

recurrir a la inventiva. Si no puede comprarse una balanza de precisión, toma sus mezclas y cada día acude a una farmacia distinta para lograr que como favor especial le indiquen el peso. Al mismo tiempo tenía que adquirir animales de laboratorio y construirse una pequeña jaula. Tras el éxito de los primeros ratones, prosigue las experiencias en otros muchos, para asegurarse de la acción y de los efectos. Hasta que se aplicó el producto a los pacientes humanos habrán de pasar todavía dos años. Mientras tanto, en ese período, habrán muerto, tan sólo en España, ciento veinte mil cancerosos. Pero es preciso ir por los pasos contados. Demostrar. No arriesgarse. No atreverse tampoco a decirlo. Tiene prisa por hacerse oír. Mejor que nadie comprende el sufrimiento de los enfermos. Las esperanzas que puede hacer renacer.

Trata al primer enfermo en el Hospital Oncológico de Madrid. Se trata de un hombre de cincuenta años, desahuciado, destruido por el fibrosarcoma. Sufre de múltiples hemorragias, porque el tumor, localizado en la pierna derecha, afectaba a la arteria. El doctor Blanco lo aplica el producto tempomente, y en medio de grandes dificultades, en su casa. El enfermo mejora ostensiblemente. El segundo tratamiento se realiza en una enferma, aquejada de cáncer escirro de mama, con metástasis en vértebras, ambos coxales, pulmón, hígado y numerosos nódulos dérmicos. También estaba desahuciada. Ocho meses después, la enferma abandona el hospital por su propio pie.

Pero este éxito asombroso, en una enferma que era prácticamente un

cadáver, hace sonar la señal de alarma. Con él empezará la lucha. A pesar de que el director del centro apoyaba al doctor Blanco y le había autorizado a experimentar el producto en seres humanos, los médicos del centro se ponen en contra. Empieza la guerra. Todavía no ha acabado.

El negocio del cáncer

Todas las personas «neutrales» que han opinado sobre el tema se indignan al comprobar la resistencia que se opone a la investigación de un nuevo método de curación. Decíamos la semana pasada que es lógico el recelo inicial y que es preciso mantener la serenidad. Los experimentos científicos, sobre todo cuando se sospecha que pueden desembocar en algo definitivamente positivo, han de permanecer en el más riguroso secreto. No se puede alarmar a las gentes, ni exasperarlas por promesas que no se han cumplido todavía. Pero, al mismo tiempo, se ha de procurar, por todos los medios, que el experimento continúe. Y no se debe tolerar la intromisión de intereses particulares, ni los turbios manejos de personas que, por diferentes razones oscuras, no están dispuestas a que prospere. Digamos las cosas por su nombre. Existen muchos intereses creados en torno del cáncer. Su tratamiento, por los métodos habituales, se ha convertido objetivamente en un buen negocio. Un enfermo de cáncer produce, si tiene medios económicos y «habrá» algunos años, muchos beneficios para quien lo trata. Por una serie de sesiones de cobaltoterapia se ha pa-

10

blemas de la vida y de la muerte. Podrían haberle conducido a consideraciones metafísicas y a un acomodo religioso. En su lugar se propuso clavar el cuchillo en el meollo de la cuestión, darse explicaciones mensurables.

Estudió los problemas de la célula y de su medio. Ya lo leímos la semana pasada. Llegó a la conclusión de que una célula era aquello a lo que le obligaba el medio ambiente. Observaba los problemas graves de degeneración, los cambios de hidratación, la vejez. Un camino de estudio podría ser conocer los procesos degenerativos. Estudió, pues, la célula y su medio. Qué ocurría dentro y fuera. Qué trastornos fisicoquímicos son suficientes para alterar la célula y qué remedios se podrían proponer. Se fijó en la labor importantísima de las materias que luego serían la base del producto. Toda su biografía intelectual está ligada a estas inquietudes. Llegó a conclusiones sorprendentes. Y todo es sorprendente a partir de entonces. Sorprendente y «heterodoxo» el método de trabajo. Todavía hoy algunos químicos se asombran del preparado del doctor Blanco. Su primera reacción es decir: «Esto es imposible». Pero a pocos metros de la discusión está el producto obtenido. ¿Por qué, entonces, no admitir el hecho? ¿Por qué empeñarse en negar siempre, rotundamente, sin pararse a pensar? ¿Por qué ese miedo a la aventura intelectual? Espero con ansiedad que el doctor Blanco haga público su método y su armazón científica. Yo he tenido la gran suerte de verlo trabajar y he sentido un estremeci-

miento. Realmente estamos ante algo nuevo.

Éxito con los «cadáveres»

El doctor Blanco, obtenido ya el producto, se fijó en el cáncer como uno de los campos de aplicación de la teoría y de la droga. Hasta tener esos ratoncitos, el doctor había pasado por experiencias tremendas. Terminó la carrera en 1961. Ya había madurado sus ideas, pero no se atrevía a comunicarlas a nadie. Entró a trabajar en la Facultad de Medicina de Madrid, en el laboratorio de bioquímica, y colaboró con el doctor Tamarit.

Trabaja en enzimas. De este campo le interesa, para su tesis doctoral, la función de la ureasa. El resultado de la tesis, a grandes rasgos, es en primer lugar detectar la presencia de la enzima en el estómago de los animales. El hecho estaba ya demostrado, pero Blanco Cordero manejando la teoría —la enzima era bacteriana—, demuestra que el método empleado inhibía la acción de la enzima, por lo que la demostración de que era bacteriana queda anulada. Su tesis tiene mucho interés para los trabajos posteriores, que forman materia reservada todavía.

Paralelamente, trabaja en su casa para la obtención del producto. Las dificultades económicas son cada vez más agobiantes. Ahora ya no se trata sólo de sobrevivir y de subvenir a los gastos de la carrera, sino de comprar las materias y de tener un modestísimo laboratorio. El instrumental es muy caro y tiene que recurrir a la inventiva. Si no puede comprarse una balanza de precisión, toma sus mezclas y cada día acude a una farmacia distinta para lograr que como favor especial le indiquen el peso. Al mismo tiempo tenía que adquirir animales de laboratorio y construirse una pequeña jaula. Tras el éxito de los primeros ratones, prosigue las experiencias en otros muchos, para asegurarse de la acción y de los efectos. Hasta que se aplique el producto a los pacientes humanos habrán de pasar todavía dos años. Mientras tanto, en ese período, habrán muerto, tan sólo en España, ciento veinte mil cancerosos. Pero es preciso ir por los pasos contados. Demostrar. No arriesgarse. No atreverse tampoco a decirlo. Tiene prisa por hacerse oír. Mejor que nadie comprende el sufrimiento de los enfermos. Las esperanzas que puede hacer renacer.

Trata al primer enfermo en el Hospital Oncológico de Madrid. Se trata de un hombre de cincuenta años, desahuciado, destruido por un fibrosarcoma. Sufre de múltiples hemorragias, porque el tumor, localizado en la pierna derecha, afectaba a la arteria. El doctor Blanco le aplica el producto que había obtenido pacientemente, y en medio de grandes dificultades, en su casa. El enfermo mejora ostensiblemente. El segundo tratamiento se realiza en una enferma aquejada de cáncer escirro de mama, con metástasis en vértebras, ambos coxales, pulmón, hígado y numerosos nódulos dérmicos. También estaba desahuciada. O c h o meses después, la enferma abandona el hospital por su propio pie.

Pero este éxito asombroso, en una enferma que era prácticamente un cadáver, hace sonar la señal de alarma. Con él empezará la lucha. A pesar de que el director del centro apoyaba al doctor Blanco y le había autorizado a experimentar el producto en seres humanos, los médicos del centro se ponen en contra. Empieza la guerra. Todavía no ha acabado.

El negocio del cáncer

Todas las personas «neutrales» que han opinado sobre el tema se indignan al comprobar la resistencia que se opone a la investigación de un nuevo método de curación. Decíamos la semana pasada que es lógico el recelo inicial y que es preciso mantener la serenidad. Los experimentos científicos, sobre todo cuando se sospecha que pueden desembocar en algo definitivamente positivo, han de permanecer en el más riguroso secreto. No se puede alarmar a las gentes, ni exasperarlas con promesas que no se han cumplido todavía. Pero, al mismo tiempo, se ha de procurar, por todos los medios, que el experimento continúe. Y no se debe tolerar la intromisión de intereses particulares, ni los turbios manejos de personas que, por diferentes razones oscuras, no están dispuestas a que prospere. Digamos las cosas por su nombre. Existen muchos intereses creados en torno del cáncer. Su tratamiento, por los métodos habituales, se ha convertido objetivamente en un buen negocio. Un enfermo de cáncer produce, si tiene medios económicos y «dura» algunos años, muchos beneficios para quien lo trate. Por una serie de sesiones de cobaltoterapia se ha pa-

Te invito a recordar esos pensamientos de aventura y heroicidad, sobre todo cuando somos más jóvenes, creemos que vamos a comernos el mundo, se nos vienen a la cabeza mil y una posibilidades de triunfar, de cambiar la historia, de influir en la sociedad. Un gran porcentaje de veces eso no acaba de cuajar, no termina de fraguar. Por lo que vamos menguando nuestros sueños, nuestras aspiraciones, a algo más pequeño, más asequible para nuestras habilidades. No es que tengamos menos o no podamos con ello, es solo que nuestra cabeza pensó que sería todo mucho más fácil, pero no contábamos con que hay que trabajar mucho para conseguir el dinero necesario, hay mucha competencia, también pequeñas injusticias, mentiras, envidias, multas, cambios de planes, las sorpresas de la vida, traiciones, malas decisiones y pajaritos en la cabeza. Y el tiempo pasa, te vas haciendo más mayor, y te va apeteciendo menos cambiar el mundo. También cada vez buscas más comodidades, incluso cuando antes solo buscabas salir, crear un poco de caos y quizá emborracharte, ahora buscas la tranquilidad. Y el tiempo pasa.

Pues bien, al doctor Blanco le ocurrió algo parecido, pero a la vez diferente, él se preguntó por qué envejecemos, por qué nuestro cuerpo se va deteriorando. Y en su juventud intentó encontrar la útopica medicina que paliara los efectos de la vejez y regenerara el cuerpo. Con el tiempo se dió cuenta que él solo no podía con tremenda responsabilidad y decidió enfocarse en un campo únicamente del cuerpo. Y el campo más importante donde pensó que su medicina sería útil fue el cáncer, el cual en los años 60 estaba destrozando a la población de todo el mundo. Y como todo camino pedregoso en la evolución, tuvo envidias, zancadillas, detractores, falsos amigos, trampas y decepciones. Pero, la diferencia entre el doctor Blanco y cualquier persona que acaba rindiéndose a un trabajo monótono y una familia insulsa, José Ignacio Blanco Cordero luchó hasta el final, trabajó sin descanso hasta el día de su muerte con 40 años y por el camino, contra todo pronóstico, también encontró la que iba a ser una familia perfecta, donde sí reinaba el amor y el respeto.

Retrocediendo unos años, se licenció en Medicina en la Universidad de Madrid en 1961. Ya había madurado varias ideas de lo que en un futuro sería la medicina natural más poderosa contra el cáncer. Pero de momento prefería no decirlo abiertamente.

Trabajó en enzimas en el laboratorio de bioquímica junto al prestigioso Doctor Tamarit. Lo que le interesó la función de la ureasa para su tesis doctoral. Con 25 años demuestra que el método empleado hasta el momento inhibía la acción de la enzima, por lo que la demostración de que era bacteriana quedaba anulada.

Paralelamente, trabaja en su casa para la obtención del futuro producto, que acabaría llamándose I.CE.BE.-119. Las iniciales de su nombre junto con la fecha que firmaría su contrato con los Laboratorios Casen, el 11 de Septiembre de 1972. Pero a esto iremos más adelante.

MUERTES Y RESURRECCIÓN DE UN PAIS

LOS PASOS GANADOS DEL DOCTOR BLANCO

Por ELISEO BAYO

L A primera vez que el doctor José Ignacio Blanco Cordero aplicó la droga en un animal obtuvo un éxito completo. A varios ratones «Swisse» les había sido inoculado un epitelioma de Krebs —cáncer de estructura epitelial—, que desapareció completamente por la acción del producto. El doctor Blanco —y es necesario conocerlo para comprender su reacción— no se alteró, ni mínimamente, por los resultados obtenidos. Pocas veces he visto un hombre con tal dominio y seguridad de sí mismo. En su proceso y proceder intelectual se atiene a las más rigurosas servidumbres científicas: pretende llegar al fondo de las cosas, no se da nunca por satisfecho. Tampoco se considera nunca vencido. No se precipita, ni se deja entusiasmar fácilmente. Oírle hablar, por ejemplo, durante horas es asistir a un extraño fenómeno. Se olvida de su interlocutor —en el sentido de que le obliga a seguir rápidamente todos sus caminos intelectuales— y poco a poco se convierte en un explorador inmerso en un medio sumamente hostil. El grado de dureza y de brillo de sus ojos alcanza límites insospechados en una estructura corporal anihada. Hasta cierto punto es comprensible lo que han dicho de él sus detractores. Los ojos del doctor Blanco pueden producir un estremecimiento en su oponente. Pero sus detractores pecan de una vulgaridad imperdonable. L o s ojos son el muro transparente que deja pasar las tremendas llamaradas de su interior.

Son siempre una acusación

Cuando los ratoncitos «Swisse» se encontraron totalmente curados, el doctor Blanco ni siquiera se sintió satisfecho de sí mismo. Tenía conciencia de que su camino no había hecho m á s que empezar. Era el año 1966. Desde su juventud primera había ido desarrollando la idea. En el origen de ese tremendo camino de búsqueda hay que situar la infancia de José Ignacio Blanco: una infancia de posguerra, similar a la de millares de niños españoles. Miseria y dificultades de todo tipo. Hambre. En todos sus años de estudio difícilmente pudo comprarse los libros de texto. Había nacido —esa era su suerte— dotado de unas condiciones excepcionales. Personas que le conocieron cuentan que a los seis años de edad José Ignacio podía en un momento realizar rápidamente y de memoria multiplicaciones con decimales. Su asombrosa fuerza de voluntad le ayudó a superar las condiciones adversas. En las mismas condiciones, otros niños, probablemente dotados de las mismas cualidades, se hundieron. El logró mantenerse a flote, empecinado siempre en una actitud de combate y de descubierta.

Tanta era la penuria de su casa —au padre era pintor y había sido profesor de dibujo en una Academia de Bellas Artes, posteriormente excluido de la cátedra— que en cierta ocasión José Ignacio fue al colegio con una camisa hecha con tela de saco. En la clase de gimnasia hubo de quitarse un raído jersey. Debajo de él apareció la camisa y en la espalda, grabado todavía, el «peso neto» que indicaba la capacidad original del saco. José Ignacio sufrió la cruel-

Durante su estancia en Zaragoza —y después en Madrid y en Barcelona— nuestro colaborador Eliseo Bayo siguió los pasos del doctor Blanco Cordero. En este trabajo se ofrece sólo una parte de la experiencia del doctor, y se aportan algunas pruebas de la eficacia del discutido producto. Parece haberse demostrado que la droga del doctor Blanco Cordero no es tóxica. Por ello, en lugar de seguir entregándole «cadáveres», debería aplicarse el producto a enfermos en estadios menos avanzados. Con serenidad y sin precipitaciones, sería lógico esperar la colaboración de todos los organismos interesados en la salud pública, sin posturas inhibitorias, garantizando la ejecución desinteresada de los trabajos. Millones de personas tendrían mucho que ganar y poco que perder.

dad de que los niños pueden ser capaces: pero no se sintió cohibido ni avergonzado. Simplemente se limitó a ponerse el jersey. Y a permanecer en silencio. Alguien habría pensado que su mutismo era producto de la timidez y de la inhibición. Por el contrario, significaba que José Ignacio miraba dentro de sí y se formulaba nuevas y nuevas preguntas. Nunca se daba por satisfecho. No pasaba las páginas si antes no estaba convencido de haberla comprendido todo. Y aun así buscaba nuevos problemas. Creo que esa es la diferencia que aportan los hombres verdaderamente geniales. No se instalan cómodamente en el mundo. Preguntan, inquieren, violentan las cosas. En consecuencia, tampoco resultan cómodos para los demás. Son siempre una acusación.

¿Por qué temer la aventura intelectual?

Es preciso aclarar en seguida que José Ignacio Blanco no se propuso, como primera tarea, investigar sobre las causas del cáncer y tratar de hallar la curación. Se preocupaban fundamentalmente l a s variaciones experimentadas por un ser vivo a lo largo de su vida. El primer punto importante de meditación era plantearse el porqué del envejecimiento, el porqué de la muerte y el porqué de las diferencias establecidas entre un ser viejo y uno joven. Los pro-▶

A primera vez que el doctor José Ignacio Blanco Cordero aplicó la droga en un animal obtuvo un éxito completo. A varios ratones «Swisse» les había sido inoculado un epitelioma de Krebs —cáncer de estructura epitelial—, que desapareció completamente por la acción del producto. El doctor Blanco —y es necesario conocerlo para comprender su reacción— no se alteró, ni mínimamente, por los resultados obtenidos. Pocas veces he visto un hombre con tal dominio y seguridad de sí mismo. En su proceso y proceder intelectual se atiene a las más rigurosas servidumbres científicas; pretende llegar al fondo de las cosas, no se da nunca por satisfecho. Tampoco se considera nunca vencido. No se precipita, ni se deja entusiasmar fácilmente. Oírle hablar, por ejemplo, durante horas es asistir a un extraño fenómeno. Se olvida de su interlocutor —en el sentido de que le obliga a seguir rápidamente todos sus caminos intelectuales— y poco a poco se convierte en un explorador inmerso en un medio sumamente hostil. El grado de dureza y de brillo de sus ojos alcanza límites insospechados en una estructura corporal aniñada. Hasta cierto punto es comprensible lo que han dicho de él sus detractores. Los ojos del doctor Blanco pueden producir un estremecimiento en su oponente. Pero sus detractores pecan de una vulgaridad imperdonable. L o s ojos son el muro transparente que deja pasar las tremendas llamadas de su interior.

Son siempre una acusación

Cuando los ratoncitos «Swisse» se encontraron totalmente curados, el doctor Blanco ni siquiera se sintió satisfecho de sí mismo. Tenía conciencia de que su camino no había hecho m á s que empezar. Era el año 1966. Desde su juventud primera había ido desarrollando la idea. En el origen de ese tremendo camino de búsqueda hay que situar la infancia de José Ignacio Blanco: una infancia de posguerra, similar a la de millares de niños españoles. Miseria y dificultades de todo tipo. Hambre. En todos sus años de estudio difícilmente pudo comprarse los libros de texto. Había nacido —esa e r a su suerte— dotado de unas condiciones excepcionales. Personas que le conocieron cuentan que a los seis años de edad José Ignacio podía en un

Durante su estancia en Zaragoza · celona— nuestro colaborador Elis tor Blanco Cordero. En este trab la experiencia del doctor, y se ap cacia del discutido producto. Pa droga del doctor Blanco Cordero de seguir entregándole «cadáver a enfermos en estadios menos precipitaciones, sería lógico espe organismos interesados en la salu rias, garantizando la ejecución d llones de personas tendrían much

momento realizar rápidamente y de memoria multiplicaciones con decimales. Su asombrosa fuerza de voluntad le ayudó a superar las condiciones adversas. En las mismas condiciones, otros niños, probablemente dotados de las mismas cualidades, se hundieron. Él logró mantenerse a flote, empeñando siempre en una actitud de combate y de descubierta.
Tanta era la penuria de su casa —su

a —y después en Madrid y en Bar-
liseo Bayo siguió los pasos del doc-
abajo se ofrece sólo una parte de
aportan algunas pruebas de la efi-
'arece haberse demostrado que la
ro no es tóxica. Por ello, en lugar
res», debería aplicarse el producto
s avanzados. Con serenidad y sin
perar la colaboración de todos los
alud pública, sin posturas inhibito-
desinteresada de los trabajos. Mi-
cho que ganar y poco que perder.

---

padre era pintor y había sido profesor de dibujo en una Academia de
Bellas Artes, posteriormente excluido de la cátedra— que en cierta ocasión José Ignacio fue al colegio con
una camisa hecha con tela de saco.
En la clase de gimnasia hubo de
quitarse un raído jersey. Debajo de
él apareció la camisa y en la espalda, grabado todavía, el «peso neto»
que indicaba la capacidad original
del saco. José Ignacio sufrió la cruel-

dad de que los niños pueden ser capaces; pero no se sintió cohibido
ni avergonzado. Simplemente se limitó a ponerse el jersey. Y a permanecer en silencio. Alguien habría
pensado que su mutismo era producto de la timidez y de la inhibición.
Por el contrario, significaba que José
Ignacio miraba dentro de sí y se
formulaba nuevas y nuevas preguntas. Nunca se daba por satisfecho.
No pasaba las páginas si antes no
estaba convencido de haberlo comprendido todo. Y aun así buscaba
nuevos problemas. Creo que esa es
la diferencia que aportan los hombres verdaderamente geniales. No se
instalan cómodamente en el mundo.
Preguntan, inquieren, violentan las
cosas. En consecuencia, tampoco resultan cómodos para los demás. Son
siempre una acusación.

¿Por qué temer la aventura intelectual?

Es preciso aclarar en seguida que
José Ignacio Blanco no se propuso,
como primera tarea, investigar sobre
las causas del cáncer y tratar de
hallar la curación. Le preocupaban
fundamentalmente l a s variaciones
experimentadas por un ser vivo a lo
largo de su vida. El primer punto
importante de meditación era plantearse el porqué del envejecimiento,
el porqué de la muerte y el porqué
de las diferencias establecidas entre
un ser viejo y uno joven. Los pro-

Marcha a Estados Unidos doctorándose en la Universidad de Cincinatti. No se sabe mucho de esta época, porque no está documentada, pero toda la información que he podido recoger es espectacular. ¿Por qué? Porque aquí es el comienzo de los problemas que le acarreará haber descubierto algo tan fantástico para la humanidad y tan peligroso para la mafia farmacéutica del país.

Remontándonos al principio, mientras estudia, trabaja a la par en aquella droga, originalmente siendo una medicina celular rejuvenecedora. Pero las dificultades económicas son cada vez más agobiantes. Ya no se trata sólo de sobrevivir y hacer frente a los gastos de la carrera, sino de comprar las materias y tener el modestísimo laboratorio que monta también en el baño de su habitación, al igual que en España. El instrumental es muy caro y tiene que recurrir a la inventiva. Un ejemplo, al no poder comprarse una balanza de precisión, toma sus mezclas y cada día acude a una farmacia distinta para lograr como favor especial que le indiquen el peso, entre otros trucos desesperados.

Mientras tanto, va poco a poco mejorando su precario laboratorio construído en el baño de su casa. Pasando tubos y circuitos entre lavabo, inodoro y bañera en un equilibrio perfecto cada vez que quería seguir investigando la medicina, consiguiendo el primer producto refinado en estado sólido en 1966, y no conseguiría el estado líquido hasta dos años más tarde.

En Cincinatti pasa bastante desapercibido entre sus compañeros, no tanto con sus profesores, con los que entabla extensos debates sobre medicina. Aún así, no consigue crear relaciones duraderas debido a su aniñada presencia aún con veintitantos a la espalda y su tenue actitud. Aún teniendo una gran voluntad, los pesos del pasado le dificultan la tarea social. Así que decide dedicarse a trabajar y trabajar. Hasta que un día, avanzó tanto, y sin ser aún conocida la fórmula, que se vió perseguido.

Comenzó a presentar la medicina en diferentes empresas farmacéuticas y conforme pasaban los meses comenzó a sentirse observado, personas que pasaban por la calle y juraba para sí haber visto el día anterior, y el anterior, y quizás en algún momento más. ¿O solo estaba en su mente? Y entonces ocurrió. Un buen día dos agentes de policía y uno de los farmacéuticos más influyentes de la época, al que había acudido días atrás, aparecieron en su habitación en la residencia de la Universidad antes que Ignacio para registrarla de arriba abajo. Ignacio llegó después y por poco también lo cazan a él. Sabe Dios qué hubiera pasado si llegan a darse cuenta de su presencia. Así que tuvo que desaparecer. Ya estaba Doctorado recientemente e intentaba probar suerte en el mundo laboral, pero después de asaltar su habitación "por la fuerza", decidió huir lo más rápidamente posible. Y salió del país, casi clandestinamente, cogiendo el primer avión a Madrid esa misma mañana.

Una vez llegado a España y haberse recompuesto del susto semanas después, comienza a enfocarse de nuevo en su investigación y es cuando consigue el estado líquido. Y aquí es cuando la historia alcanza un nuevo máximo.

Mientras busca trabajo en el Hospital Marquesa de Villaverde, actualmente llamado Hospital General Universitario Gregorio Marañón, alcanza a ver a un enfermo oncológico terminal siendo desahuciado sin remedio, a su suerte, con la total impotencia de alguien a quien acaban de cortarle la fina cuerda que le sujeta a la vida y cae al vacío. Un hombre destrozado físicamente, apenas pudiendo tenerse en pie, con menos de 50KG rozando la anorexia y el cuerpo totalmente lleno de sarpullidos y llagas. Sale del hospital sabiendo cuál es su destino. Pero Ignacio sale detrás. Le daban como máximo 3 semanas más de vida. El Doctor, con la medicina aún en pruebas, y el paciente sin nada que perder comenzaron el tratamiento en su casa. Murió a los 9 meses, ya andaba por su propio pie, apenas sentía dolor y había engordado 12 kilos, pero estaba destrozado por dentro y la medicina aún no era todo lo efectiva que podía ser, pero era un comienzo e Ignacio sabía que tenía que trabajar aún más duro.

El Doctor explicaba que la medicina no destruye el tejido cancerígeno sino que lo regenera celularmente, que en muchos casos frena la expansión y eso le permite posteriormente operar de forma mucho más segura y en la gran mayoría de veces, exitosa. De hecho la primera vez que el doctor José Ignacio Blanco Cordero aplicó la droga en un animal, una rata "swisse" con un pequeño tumor, obtuvo un éxito completo. Y a partir de ahí fué sucesivo en la gran mayoría de las ocasiones.

«Si la I.CE.BE-119 del doctor Blanco Cordero cura el cáncer, sólo lo sabremos pasados algunos años»

"EN LOS EFECTOS INMEDIATOS DE ESTA DROGA HE VISTO FENOMENOS POSITIVOS NUNCA OBSERVADOS EN QUIMIOTERAPIA ALGUNA"

El doctor Alfaro atestigua que los dolores se ven reducidos a los pocos días de tratamiento y que el tono vital del enfermo se ve reforzado con el I.CE.BE-119

Dr. Blanco Cordero

UTILIZACION DEL I. CE. BE-119

RESULTADOS HASTA EL MOMENTO

ESTADO GENERAL

LA OPINION PERSONAL

Emilio ALFARO

DAÑOS...

...ibuna Médica" en su número
...pasado día 8, publica un exten-
...artículo del doctor Emilio Al-
... del Hospital de la Cruz Roja
...nuestra ciudad, que contiene da-
...importantes y, sobre todo, des-
...sionados de las experiencias que
...diferentes centros clínicos de Za-
...oza están efectuando con la
...CE. BE.-119, sintetizada por el
...or Blanco Cordero.
...el artículo hemos suprimido
... las partes más técnicas, indis-
...nables en una publicación de
...nado carácter especializado, de-
...do aquellas opiniones que cree-
...s de más interés para nuestros
...ores.
...e aquí, estractado, el artículo
...l doctor don Emilio Alfaro que
...tenido el acierto de unir a sus
...res médicos el desarrollo perió-
...ico del tema, como podrá ver el
...or.
...Desde el primer momento se de-
...ó que las experiencias clínicas
...efectuasen en pacientes con cual-
...r tipo de neoplasia maligna en
...nes se hubieran agotado ya los
...ursos terapéuticos convenciona-
...En su inmensa mayoría, los su-
...s sometidos a tratamiento con
...CE. BE. han pasado previamen-
...por cirugía (radical en unos ca-
...y simplemente exploradora y
...ca en otros), irradiación y, por
...mo, quimioterapia. Es obvio ase-
...r que tanto estos enfermos co-
...aquéllos que por las caracte-
...ras de su proceso (grado histo-
...o, estadio clínico, diseminación
...stática) en el momento de ele-
...tratamiento inicial se conside-
...n inoperantes o no susceptibles
...irradiación, eran teóricamente
...rables. Si entre estos pacientes
...ó algún caso en que cirugía,
...ación o quimioterapia estuvie-
...indicadas, se remitió para el
...cio correspondiente para la apli-
...ón de la terapia oportuna.
...si la totalidad de los pa-
...es sometidos a tratamiento con
...CE. BE.-119 en el Hospital de
... Roja de Zaragoza (que, en nú-
...o, superan al total de las ex-
...encias realizadas en los restan-
...entros asistenciales de esta ciu-
...) procedían de otras institu-
...es nacionales y llegaron provis-
...e abundante documentación clí-

nica. Un número menor había sido
diagnosticado en la policlínica de
nuestra institución.

No puedo hablar de los casos tratados en los demás centros sanita-
rios de Zaragoza (Hospital Clínico,
San Juan de Dios, Nueva Clínica
Quirón, Sanatorio Royo Villanova
de Enfermedades del Tórax, Clínica
de Montpellier), pero me consta el
interés con que los compañeros siguen las pruebas, unos con entusiasmo, otros con escepticismo y todos con la lógica curiosidad científica.

UTILIZACION DEL I. CE. BE.-119

En principio, el I. CE. BE.-119 comenzó a administrarse en estado
puro (lo que implicaba algunos in-
convenientes de conservación y almacenamiento, por las oscilaciones
térmicas ambientales). El doctor
Blanco Cordero inyectaba el producto personalmente a los pacientes, ejerciendo el inalienable derecho del médico a prescribir a sus
enfermos (insisto: siempre desahuciados) la fórmula magistral que, en
conciencia y con la aceptación plena por parte de unos y de otros
de toda clase de responsabilidades,
creyera beneficiosa para ellos. La
vía de administración era intramuscular y las dosis oscilaban ha-
bitualmente entre dos y seis gramos
diarios. En el laboratorio farmacéutico con el cual el doctor Blanco
llegó a un acuerdo, se estudió la
adición de un excipiente para obviar
los problemas del cambio de temperaturas. Al iniciarse las pruebas clínicas, el I. CE. BE.-119 se presenta en cajas de ampollas de tres gramos: Tras las experiencias previas
en perros, se advierte la posibilidad
de realizar perfusiones endoveno-
sas del producto gota a gota y con
suero fisiológico. Esta vía de administración evita el único inconveniente inmediato de la intramuscular: el dolor a la inyección, dolor
que, por otra parte, no es superior al
producido por otras sustancias habituales en el mercado farmacéutico.

Ante las características del
I. CE. BBE.-119 sugerí al doctor
Blanco Cordero una nueva vía de
administración: en aerosoles, con

31

Dr. Blanco Cordero

vistas a los procesos respiratorios. En los momentos actuales uno de nuestros pacientes de carcinoma epidermoide de pulmón recibe dos sesiones diarias de aromaterapia con I. CE. BE.-119. En ningún caso se han advertido reacción febril, intolerancia, abscesos glúteos o cualquier otra manifestación derivada de su administración. Sólo en dos pacientes se percibieron, coincidiendo con el uso del I. CE. BE.-119, sendas urticarias, que desaparecían de inmediato con un antitamínico corriente y que pudieron deberse a otros factores.

Hoy, las dosis se han aumentado hasta 18 gramos por día en determinados pacientes, pudiendo cifrarse en nueve por término medio. Ninguna alteración se observó con tal incremento.

RESULTADOS HASTA EL MOMENTO

¿Puede especularse con los resultados de un nuevo producto empleado en pacientes considerados incurables y con sólo unas semanas de perspectiva? Toda afirmación al respecto pecará de precipitada, subjetiva o tendenciosa por defecto o por exceso.

Cuando las estadísticas internacionales reúnen series de múltiples centros y de diversos autores con cada ensayo de nuevas terapéuticas, cuyos resultados se computan según un baremo de supervivencia en años, ¿cómo podrá juzgarse un producto —el I. CE. BE.-119— por la experiencia de semanas en unos cuantos centros y sobre enfermos desahuciados?

En Zaragoza existen personas tratadas por el doctor Blanco con anterioridad a las actuales experiencias clínicas. Esas personas, al parecer, padecían neoplasias malignas, tratadas previamente sin resultados positivos y sobreviven un notable número de meses tras la administración del I. CE. BE.-119, en buenas condiciones y vinculadas a la vida ordinaria. Sin embargo, yo no he vivido esos tratamientos y, por lo tanto, no puedo valorarlos.

Para especificar, pues, lo que estamos observando en el Hospital de Cruz Roja de Zaragoza personalmente cabe hablar de efectos inmediatos del I. CE. BE.-119 según van controlándose".

A continuación, en su artículo, el doctor Alfaro atestigua que, en 1,5 de cada tres casos tratados, el dolor se reduce después de los tres o cuatro primeros días de internamiento. Respecto del prurito hace alusión de algunos casos en que ha desaparecido igual que la hemorragia.

Respecto a la tumoración presenta dos casos en los que ha habido considerable reducción de las tumoraciones.

ESTADO GENERAL

"La mejoría del estado general es un hecho incontrastable en cuatro quintas partes de los pacientes. Casi sin excepción, al someterse a la acción del I. CE. BE.-119, el tono vital del enfermo se ha reforzado de forma considerable. Muy pocos son los casos en que no se advierta un aumento del apetito, y, por lo tanto, la euforia subjetiva de quien hace de la anorexia un síntoma cierto de su propia y progresiva aniquilación.

LA OPINION PERSONAL

Hasta ahora he participado al lector de "Tribuna Médica" de todo cuanto puede conocerse hoy del I. CE. BE.-119 y de la experiencia en el Hospital de Cruz Roja, que, sin duda, es la más amplia de cuantas existen por el momento. Como médico que ha observado y observa las particularidades de este producto con un interés obvio a quien aguarda ansiosamente cualquier hecho que colabore y pueda colaborar al bienestar de sus pacientes, creo oportuno reflexionar acerca de esas observaciones.

En primer lugar me siento obligado a manifestar mi creencia en la mayor eficacia inmediata (o en una mayor intensidad de efectos rápidos, si se quiere) del producto que el doctor Blanco Cordero inyectaba puro en los comienzos de nuestros contactos personales. Y, en vista de ciertas diferencias, me inclino a sospechar que tal vez el reciente añadido disminuya o interfiera en cierta medida la potencia de acción inmediata del I. CE. BE.-119.

La composición del producto no parece justificar, si se consideran los hechos a la luz de los supuestos tradicionales, esos efectos tradicionales, esos efectos provisionalmente observados a corto plazo. Sin embargo, constatamos la cesación de las hemorragias, la mejoría del estado general y la acción antiinflamatoria, habrá que reconocer que, al menos parcialmente, el I. CE. BE.-119 obedece a un concepto no tan empírico. Y ese concepto, sustentado un tanto anárquicamente por el doctor Blanco Cordero, viene a suponer el abordaje del cáncer no por métodos agresivos exógenos, sino mediante una tentativa de poner orden en la célula a través de los intercambios entre el medio interno de ésta y el medio externo, empleando productos biológicos no tóxicos. El tiempo y los resultados a largo plazo de miles de experiencias clínicas revelarán si el doctor Blanco Cordero ha llegado a la clave del problema o si sólo ha intuido algo.

¿Cura el cáncer el I. CE. BE.-119? Creo que pasarán años antes de que pueda responderse, con claridad meridiana, a tal interrogante. Sin embargo pienso que ante un tumor maligno cabe esperar de cualquier tratamiento una gradación progresiva: alivio, detención temporal del proceso, detención definitiva con inactivación de las estructuras neoplásicas ya establecidas, desaparición de las mismas y, por último, curación total y permanente. Cualquier progreso en esos objetivos justificaría los mayores esfuerzos.

Concluyo: En los efectos inmediatos del I. CE. BE.-119 he visto con claridad fenómenos positivos nunca observados con quimioterápico alguno.

Emilio ALFARO"

DAÑOS...

(De la página ocho)

personal de la Telefónica, los servicios municipales y en especial en la disciplina de los barceloneses, el señor Sánchez Contador hizo un resumen de los daños producidos y pasó seguidamente a enumerar los trabajos que se vienen realizando para tender hacia una progresiva normalización del servicio.

A consecuencia del fuego, que destruyó los equipos y servicios instalados en las plantas sexta, séptima y octava y de la gran cantidad de agua que fue necesario emplear para la total extinción del incendio, y que deterioró el resto de las instalaciones del edificio en mayor o menor grado, quedaron totalmente sin servicio los 36.900 abonados servidos por la citada central de Cataluña, entre los que se encontraban organismos oficiales, servicios públicos, informativos, etc., así como también las 140 cabinas públicas de la zona y el locutorio público de la calle Fontanella.

32

Posteriormente, durante varios años, al trabajar con Emilio Alfaro, del que luego hablaremos, consigue demostrar sus palabras con hechos, con más de tan solo un par de ojos clínicos viendo aquellos resultados. Emilio escribió varios reportajes en periódicos y revistas médicas corroborando los hechos de primera mano:

"ESTADO GENERAL

La mejoría del estado general es un hecho incontrastable en cuatro quintas partes de los pacientes. Casi sin excepción, a la semana de someterse a la acción del I.CE.BE.-119. el tono vital del enfermo se ha reforzado de forma considerable.

Muy pocos son los casos en que no se advierta un aumento del apetito, y, por lo tanto, la euforia sobjetiva de quien hace de la anorexia un síntoma cierto de su propia y progresiva aniquilación.

LA OPINIÓN PERSONAL

Hasta ahora he participado al lector de "Tribuna Médica" de todo cuanto puede conocerse hoy del I.CE.BE.119 y de la experiencia en el Hospital de Cruz Roja que, sin duda, es la más amplia de cuantas existen por el momento. Como médico que ha observado y obesrva las particularidad de este producto con un interés obvio a quien aguarda ansiosamente cualquier hecho que colabore o que pueda colaborar al bienestar de sus pacientes, creo oportuno reflexionar acerca de esas observaciones.

En primer lugar me siento obligado a manifestar mi creencia en la mayor eficacia inmediata (o en una mayor intensidad de efectos rápidos si se quiere) del producto que el doctor Blanco Cordero inyectaba puro en los comienzos de nuestros contactos personales. Y, en vista de ciertas diferencias me inclino a sospechar que tal vez el excipiente añadido disminuya o interfiera en cierta medida en la potencia de acción inmediata del I.CE.BE.119.

La composición del producto no parece justificar, si se consideran los hechos a la luz de los supuestos tradicionales, esos efectos tradicionales, esos efectos provisionalmente obesrvados a corto plazo. Sin embargo, constatamos la cesación de las hemorragias, la mejoría del estado general y la acción antiinflamatoria, habrá que reconocer que, al menos parcialmente, el I.CE.BE.-119 obedece a un concepto no tan empírico. Y ese concepto, sustentado un tanto anárquicamente por el doctor Blanco Cordero, viene a suponer el abordaje del cáncer no por métodos agresivos exógenos, sino mediante una tentativa de poner orden en la célula a través de los intercambios entre el medio interno de ésta y el medio externo, empleando productos biológicos no tóxicos.

El tiempo y los resultados a largo plazo de miles de experiencias clínicas revelarán si el doctor Blanco Cordero ha llegado a la clave del problema o si sólo ha intuido algo.

¿Cura el cáncer el I.CE.BE.-119? Creo que pasarán años antes de que pueda responderse con claridad meridiana a tal interrogante. Sin embargo pienso que ante un tumor maligno cabe esperar de cualquier tratamiento una gradación progresiva: alivio, deteción temporal del proceso, detención definitva con inactivación de las estructuras neoplásicas ya establecidas, desaparición de las mismas y, por último, curación total y permanente. Cualquier progreso en esos objetivos justificaría los mayores esfuerzos.

Concluyo: En los efectos inmediatos del I.CE.BE.-119 he visto con claridad fenómenos positivos nunca observados con quimioterápico alguno."

Claramente hay personas que mueren debido a la avanzada enfermedad deborándoles por dentro, todavía no era una medicina efectiva al 100%. Pero hay casos extraordinarios como el de Jesús González, un hombre que ya no podía levantarse de la cama debido al metástasis y que tras escasos dos meses de tratamiento progresivo, acabó sentado en una mesa con el Doctor jugando a las cartas mientras tenían una desinteresada charla como cualquier coloquio en el bar, para sorpresa de los doctores y sus ayudantes que trabajaban con él en la Cruz Roja. Pues Jesús, sigue vivo a día de hoy, y define al Doctor Blanco como una persona amable, cercana al paciente y con un extraordinario carisma.

El caso totalmente inverosimil de una mujer enferma de cáncer de mama avanzadísimo con todos los pechos destrozados llenos de llagas supurantes, metástasis en vértebras, ambos coxales, pulmón, hígado y numerosos nódulos dérmicos. Ocho meses después, la enferma abandona el hospital por su propio pie.

O el caso de Amparo Bandrés, a la que habían diagnosticado un fibrosarcoma y le habían dado unas semanas de vida. Y que el Doctor casi milagrosamente salvo de la muerte. Amparo en respuesta, le regaló un precioso Ford Capri descapotable que lucía con orgullo. A día de hoy, Amparo sigue viviendo en Zaragoza y es una mujer feliz.

BIENVENIDO

La noticia de los trabajos del doctor Blanco Cordero, relativos a una posible fórmula descubridora de la curación del cáncer, la conocíamos desde hacía meses. La prensa de Zaragoza —ciudad donde vivía el médico— anticipó esta novedad, de tan enorme trascendencia para la Humanidad entera. Se nos planteaba, como periodistas, el delicadísimo problema de airear el tema, desencadenando una imprevisible reacción de esperanzas en los millares, millones de seres marcados con la cruel sentencia mortal. En su día, la Dirección General de Prensa nos cursaba un prudente ruego de la Dirección de Sanidad en el sentido de valorar este tipo de noticias.

Hoy, el doctor Blanco Cordero se encuentra en ignorado paradero, pese a nuestros esfuerzos por localizarle. La droga por él inventada, que producía en cantidades sólo experimentales y en su propio y modesto laboratorio, ya no se fabrica. ¿Está siendo contrastada y probada en otros lugares? Imaginamos que sí, pues la solvencia de este joven científico está reconocida —con todos los reparos lógicos— por sus compañeros. O sea, que no se trata de un charlatán, pero la cautela, excesiva o no, con que habría que manejar la difusión de tan buena nueva está justificada.

Nuestro colaborador Eliseo Bayo posee una gran documentación, grabada, escrita y reseñada, de largas conversaciones con el doctor y con algunos de sus pacientes, cuyos cuadros clínicos inclinarían a cualquier facultativo a diagnosticar el terrible mal con pocas dudas.

¿Se ha encontrado el remedio? ¿Se está en la vía de perfeccionarlo? ¿Existen posibilidades de preparar «stocks», que lo pongan al alcance de todos? ¿O se trata —y no sería poco— de una droga que detiene el mal, por un periodo más o menos largo, en este común camino hacia la muerte?

Damos hoy las primeras impresiones, que, a buen seguro, serán inteligibles para los profesionales de la Medicina, pero, ante la desaparición del doctor Blanco Cordero, creemos que no habrá lugar a despertar, justificadas pero insensatas, por hoy, esperanzas entre la doliente legión de los cancerosos. En la medida de lo posible, y contrastándolo hasta donde podamos, daremos más información a nuestros lectores.

El doctor Blanco,
con una de sus pacientes,
doña Amparo Bandrés.

El doctor Blanco,
con una de sus pacientes,
doña Amparo Bandrés.

LA noticia de los trabajos del doctor Blanco Cordero, relativos a una posible fórmula descubridora de la curación del cáncer, la conocíamos desde hacia meses. La prensa de Zaragoza —ciudad donde vivía el médico— anticipó esta novedad, de tan enorme trascendencia para la Humanidad entera. Se nos planteaba, como periodistas, el delicadísimo problema de airear el tema, desencadenando una imprevisible reacción de esperanzas en los millares, millones de seres marcados con la cruel sentencia mortal. En su día, la Dirección General de Prensa nos cursaba un prudente ruego de la Dirección de Sanidad en el sentido de valorar este tipo de noticias.

Hoy, el doctor Blanco Cordero se encuentra en ignorado paradero, pese a nuestros esfuerzos por localizarle. La droga por él inventada, que producía en cantidades sólo experimentales y en su propio y modesto laboratorio, ya no se fabrica. ¿Está siendo contrastada y probada en otros lugares? Imaginamos que sí, pues la solvencia de este joven científico está reconocida —con todos los reparos lógicos— por sus compañeros. O sea, que no se trata de un charlatán, pero la cautela, excesiva o no, con que habría que manejar la difusión de tan buena nueva está justificada.

Nuestro colaborador Eliseo Bayo posee una gran documentación, grabada, escrita y reseñada, de largas conversaciones con el doctor y con algunos de sus pacientes, cuyos cuadros clínicos inclinarían a cualquier facultativo a diagnosticar el terrible mal con pocas dudas.

¿Se ha encontrado el remedio? ¿Se está en la

El Doctor Blanco se comportaba como si su trabajo fuese algo totalmente normal. Estaba siendo un héroe y no se daba importancia. En mi opinión, alabo su humildad, pero en cierta medida fue un error. Porque si se hubiera expuesto más de lo que inebitablemente ya estaba en vez de protegerse en la sombra, hoy conoceríamos su historia y él se hubiera protegido contra las entidades que operan, efectivamente, a espaldas de cualquier visión. Y donde, desgraciadamente, Ignacio por miedo a que su vida peligrara, se ocultó en la boca del lobo sin darse cuenta.

LOS SILENCIOS DEL DOCTOR BLANCO

Por
ELISEO BAYO

Nuestro colaborador Eliseo Bayo se ha visto obligado a suspender en esta semana los capítulos dedicados a «La Mayoría Silenciosa», para ocuparse de un tema de la máxima actualidad. Durante los últimos días, varios periódicos nacionales publicaron informaciones sobre el doctor Blanco Cordero, descubridor de un importante medicamento para combatir el cáncer, y sabemos que otros periodistas andan detrás del doctor. El motivo de la actualidad lo ha dado una supuesta existencia del mercado negro del famoso producto. Pero nuestro colaborador ha preferido resumir los pasos del doctor Blanco durante los dos meses últimos. Informaciones fidedignas procedentes de varios puntos de España indican que nos hallamos ante importantes acontecimientos inmediatos. De ellos ofrecemos información a los lectores.

EL silencio que ha presidido los pasos del doctor José Ignacio Blanco Cordero durante los dos últimos meses no significa que su labor investigadora haya sido paralizada, ni que se hayan disuelto los hilos de una minuciosa y calculada conspiración. Los acontecimientos surgidos en los últimos días nos empujan a aportar unos datos del máximo interés que nos ayudarán a comprender mejor algún hecho transcendental que puede producirse en las próximas semanas.

En los últimos días se han publicado en la prensa nacional algunos reportajes sensacionalistas sobre el paradero del doctor Blanco. Nosotros sabíamos dónde se encuentra —y así lo dimos a entender—, pero no consideramos oportuno hacer un alarde de pseudoinformación detectivesca. ¿Habríamos aportado algo nuevo al indicar su domicilio y el lugar donde trabaja? No. Al contrario, habríamos provocado una importante romería de enfermos, con reacciones insospechadas, hacia la ciudad donde trabaja en estos momentos el doctor Blanco.

Lo trascendental no es saber dónde reside el doctor, sino qué está haciendo y, sobre todo, qué posibilidades tiene de conseguir el triunfo definitivo de su medicamento. Desgraciadamente, la prisa no debe entrar en sus cálculos, ni ha de prodigar declaraciones antes de culminar su faena.

Conspiración y posiciones nuevas

¿EXISTE realmente una conspiración para detener las investigaciones del doctor Blanco? Desde que se hizo pública la existencia de una droga muy compleja para el tratamiento de las degeneraciones cancerosas y de otros procesos patológicos —un regulador metabólico de gran eficacia—, la situación no se ha podrido. No era una tormenta de verano, ni un sueño fatuo. Día a día van llegando noticias que confirman los efectos beneficiosos del producto y, paralelamente, se produce un corrimiento de las actitudes. Personas que no creían en él empiezan a dudar

34

Nuestro colaborador Eliseo Bayo se ha visto obligado a suspender en esta semana los capítulos dedicados a «La Mayoría Silenciosa», para ocuparse de un tema de la máxima actualidad. Durante los últimos días, varios periódicos nacionales publicaron informaciones sobre el doctor Blanco Cordero, descubridor de un importante medicamento para combatir el cáncer, y sabemos que otros periodistas

EL silencio que ha presidido los pasos del doctor José Ignacio Blanco Cordero durante los dos últimos meses no significa que su labor investigadora haya sido paralizada, ni que se hayan disuelto los hilos de una minuciosa y calculada conspiración. Los acontecimientos surgidos en los últimos días nos empujan a aportar unos datos del máximo interés que nos ayudarán a comprender mejor algún hecho transcendental que puede producirse en las próximas semanas.

En los últimos días se han publicado en la prensa nacional algunos reportajes sensacionalistas sobre el paradero del doctor Blanco. Nosotros sabíamos dónde se encuentra —y así lo dimos a entender—, pero no consideramos oportuno hacer un alarde de pseudoinformación detectivesca. ¿Habríamos aportado algo nuevo al indicar su domicilio y el lugar donde trabaja? No. Al contrario, habríamos provocado una importante romería de enfermos, con reacciones insospechadas, hacia la ciudad donde trabaja en estos momentos el doctor Blanco.

andan detrás del doctor. El motivo de la actualidad lo ha dado una supuesta existencia del mercado negro del famoso producto. Pero nuestro colaborador ha preferido resumir los pasos del doctor Blanco durante los dos meses últimos. Informaciones fidedignas procedentes de varios puntos de España indican que nos hallamos ante importantes acontecimientos inmediatos. De ellos ofrecemos información a los lectores.

Lo trascendental no es saber dónde reside el doctor, sino qué está haciendo y, sobre todo, qué posibilidades tiene de conseguir el triunfo definitivo de su medicamento. Desgraciadamente, la prisa no debe entrar en sus cálculos, ni ha de prodigar declaraciones antes de culminar su faena.

Conspiración y posiciones nuevas

¿EXISTE realmente una conspiración para detener las investigaciones del doctor Blanco? Desde que se hizo pública la existencia de una droga muy compleja para el tratamiento de las degeneraciones cancerosas y de otros procesos patológicos —un regulador metabólico de gran eficacia—, la situación no se ha podrido. No era una tormenta de verano, ni un sueño fatuo. Día a día van llegando noticias que confirman los efectos beneficiosos del producto y, paralelamente, se produce un corrimiento de las actitudes. Personas que no creían en él empiezan a dudar

Importante comentar el caso del Doctor Martín Muñoz, profesor de Medicina Interna de Zaragoza. Destrozado por un epitelioma espino-celular, se resiste a ser sometido a sesiones de cobaltoterapia. Al final, postrado en la cama con dolores irresistibles, las dosis más fuertes de calmantes (Dolmen, tegretol, nolotil y opiáceos) ya no le producen alivio alguno.

El propio Martín Muñoz dejó en testimonio un escrito, que cito textualmente: "Fue parco en palabras. Después de visitarme, se marchó, y volvió días después. Me puso una inyección de su droga. Esa noche dormí normalmente, y ya no volví a necesitar analgésico alguno. A los pocos días volví a reemprender mis actividades en la Facultad".

Por desgracia, las radiaciones del tratamiento por cobaltoterapia y radioterapia que meses atrás al final se había sometido, le destrozaron el esófago, provocándole una necrosis del mismo y gran parte del dolor que sufría antes de poder aliviarle con la droga.

Sigue el testimonio del doctor Martín Muñoz: "¿Que si estoy resentido? Te diré: estoy mutilado. La pena que me queda es que yo me considero, en este terreno, rebelde, que no quería dejarme operar, que hice lo que pude por oponerme. Pero me lo presentaron todo de tal forma que no tuve más remedio que aceptar. Estoy resentido porque, aunque lo conocían, no me hablaron nunca del doctor Blanco Cordero. Creo que, ante los hechos, es un crimen seguir con nuestro orgullo. Es una falta de moral no intentar la curación con esta droga. Sabes que soy un puritano, pero también soy cristiano, y los médicos no podemos perder de vista la máxima del amar al prójimo como a uno mismo. Los médicos tenemos tanto orgullo, que Dios se encarga, de cuando en cuando, de mandarnos estos regalos, para que veamos que somos poco, muy poco".

gado hasta seiscientas mil pesetas. La cirugía, en la que desembocan la mayoría de los enfermos, es otro gran negocio lucrativo. Los honorarios dependen de la categoría del cirujano. La extirpación de una misma supone, como mínimo, unas cincuenta mil pesetas, y una intervención quirúrgica del hígado, casi trescientas mil pesetas. Añádase a esto la aplicación de los quimioterápicos y la variada gama de actividades estructuradas en torno del cáncer en general. Hay que plegarse a la evidencia. Todos éstos intereses combinados serían objetivamente perjudicados por un tratamiento nuevo que prescindiera de todos ellos. No se explica de otra manera la gran resistencia que han opuesto las personas y las entidades que más debieran haber colaborado.

El orgullo de los médicos

Después de tratar a dos enfermos más, el doctor Blanco Cordero abandona el Hospital Oncológico y se recluyó de nuevo en su casa, en un casi desesperado esfuerzo por seguir fabricando el producto y aplicarlo a otros enfermos. La noticia ya se ha filtrado, y acuden a su casa en número considerable, tanto que sería imposible atenderlos a todos, porque la capacidad de producción del medicamento es limitada. Apurando todas las horas del día —la droga la ha de ser preparada por el doctor y el proceso de «maduración» se prolonga durante unos cuarenta días—, puede llegar a tratar un término medio de cuatro o cinco enfermos. En los dos años siguientes recibieron el tratamiento unos treinta. Todos experimentaron una mejoría inmediata, y el primer efecto beneficioso fue siempre la desaparición instantánea de los dolores. Pero al doctor Blanco alguien acudiendo fundamentalmente enfermos desahuciados, cadáveres vivientes; carnes destrozadas que, en suma, llegaban al doctor después de apurar todos los métodos.

Este ha sido el gran inconveniente con que ha tropezado hasta ahora. El doctor Blanco no es un milagrero ni un brujo. Simplemente, un científico que no puede ir más allá de sus posibilidades. Los enfermos habían sido destrozados por los métodos habituales, esencialmente agresivos. «Desde el primer momento —dice el doctor Emilio Alfaro, del Hospital de la Cruz Roja de Zaragoza— se decidió que las experiencias clínicas se efectuasen en pacientes con cualquier tipo de neoplasia maligna, en quienes se hubieran agotado ya los recursos terapéuticos convencionales. En su inmensa mayoría, los sujetos sometidos a tratamiento con I.CE.BE. (el producto del doctor Blanco) han pasado previamente por cirugía (radical en unos casos y simplemente exploradora y biopsia en otros), irradiación y, por último, quimioterapia.»

«Es obvio asegurar que tanto estos enfermos como aquellos que por las características de su proceso (grado histológico, estadio clínico, diseminación metastática) se consideran inoperables o no sus-

ceptibles de irradiación, eran teóricamente incurables». Los tratamientos habituales habían caminado siempre en dirección contraria a la del doctor Blanco. Al combatir los síntomas, y no las causas, habían producido trastornos irreparables. Buena prueba de esta afirmación es el patético caso del doctor Martín Muñoz, profesor de Medicina Interna de Zaragoza. Destrozado por un epitelioma espino-celular, se resiste a ser sometido a sesiones de cobaltoterapia. Al final sucumbe ante di-

versas presiones. Postrado en la cama con dolores irresistibles, las dosis más fuertes de calmantes —de ocho a diez dolversas diarias, más Dolmen, tegretol, nolotil y oplisceos— ya no le producen alivio alguno. Vivía en la llaga más espantosa, barrenado por un dolor permanente; le fluía la baba por las comisuras labiales y la rinorrea espantosa le había convertido en un guiñapo humano. Su familia consigue que lo visite el doctor Blanco Cordero.

El propio Martín Muñoz ha dejado testimonio escrito del encuentro y de los resultados obtenidos: «Fue para mí, en palabras. Después de su visita, se marchó, y volvió días después. Me puso una inyección de su droga. Esa noche dormí normalmente, y ya no volví a necesitar analgésico alguno. A los pocos días volví a reemprender mis actividades en la Facultad». Pero, desgraciadamente el remedio había llegado demasiado tarde. El doctor Martín Muñoz había sido sometido a un tratamiento de cobaltoterapia y, más tarde, en Toulouse, a otro tipo de radiación con un generador electrónico, el último hallazgo en radioterapia. Las radiaciones, de una tremenda profundidad y actividad radiológica, le habían destrozado el esófago, provocándole una necrosis del mismo. Esta lesión era, por sí misma, irreparable. El doctor Blanco llegó tarde, pero a tiempo de eliminar el tremendo sufrimiento de su colega.

El testimonio escrito del doctor Martín Muñoz no necesita ningún comentario. «¿Que si estoy resentido? Te

diré: estoy mutilado. La pena que me queda es que yo me considero, en este terreno, rebelde, que ha querido dejarme operar, que hice lo que pude por eponerme. Pero me lo presentaron todo de tal forma que no tuve más remedio que aceptar. Estoy resentido porque, aunque lo conocían, no me hablaron nunca del doctor Blanco Cordero. Creo que, antes los hechos, es un crimen seguir con nuestro orgullo. Es una falta de moral no intentar la curación con esa droga. Sabes que soy un purtano, pero también soy cristiano, y los médicos no podemos perder de vista la máxima del amar al prójimo como a uno mismo. Los médicos tenemos tanto orgullo, que Dios se encarga, de cuando en cuando, de mandarnos estos regales, para que veamos que somos poco, muy poco».

A pesar de que el doctor Blanco sólo puede disponer de «cadáveres-vivientes», obtiene mejorías y supervivencias en muchos casos. A la señora A.P. se le había diagnosticado un cáncer de ovario en 1957. Fue tratada por los sistemas habituales durante más de un año. Afortunadamente, se negó a recibir tratamiento de cobaltoterapia. Pero sufrió intervenciones quirúrgicas y aplicación de quimioterápicos. Cuando la conoció el doctor Blanco, tenía un cáncer diseminado con invasión de vejiga y de recto y con sintomatología propia de un período avanzado carcinomatoso. El tratamiento del doctor Blanco fue alternante durante unos seis meses. En casos parecidos, el enfermo habría muerto en dos o tres meses. Han pasado seis años y, como se puede apreciar en las revisio-

---

RELEVO EN LA DIRECCIÓN DE

José Ramón Alonso acaba de dejar la Dirección de SÁBADO GRÁFICO. En casi año y medio a su timón, la revista ha mejorado notablemente, ha ganado serenidad y profundidad y ha mantenido intacta su línea de independencia y su fidelidad a los lectores, a la veracidad informativa y al servicio de lo que intentamos que sea el bien común, en la medida de nuestras capacidades. José Ramón Alonso es uno de los mejor preparados periodistas españoles, una de las personas más cabales, dignas y caballerosas que conocemos. José Ramón Alonso es un amigo entrañable, íntegro y fiel.

Es también un hombre político. Su puesto como Presidente del Sindicato de Hostelería y Actividades Turísticas reclama la mayor parte de su tiempo e, incapaz de hacer las cosas a medias, sacrifica su honda vocación periodística para entregarse al mejor servicio de su cargo. No obstante, en nuestro deseo de sentirle vinculado a esta Casa, José Ramón Alonso ha aceptado continuar con la sección semanal «Carta sin fecha», que con tanto garbo y donaire viene haciendo. Vaya, públicamente, nuestra gratitud por la difícil y acertada labor que ha desempeñado nuestro Director hasta ahora. Le sustituyo en el puesto, enriquecida mi experiencia profesional por el tiempo pasado, junto a José Ramón Alonso.

EUGENIO SUÁREZ

gado hasta seiscientas mil pesetas. La cirugía, en la que desembocan la mayoría de los enfermos, es otro gran negocio lucrativo. Los honorarios dependen de la categoría del cirujano. La extirpación de una mama supone, como mínimo, unas cincuenta mil pesetas, y una intervención quirúrgica del hígado, casi trescientas mil pesetas. Añádase a esto la aplicación de los quimioterápicos y la variada gama de actividades estructuradas en torno del cáncer en general. Hay que plegarse a la evidencia. Todos estos intereses combinados serían objetivamente perjudicados por un tratamiento nuevo que prescindiera de todos ellos. No se explica de otra manera la gran resistencia que han opuesto las personas y las entidades que más debieran haber colaborado.

El orgullo de los médicos

Después de tratar a dos enfermos más, el doctor Blanco Cordero abandona el Hospital Oncológico y se recluye de nuevo en su casa, en un casi desesperado esfuerzo por seguir fabricando el producto y aplicarlo a otros enfermos. La noticia ya se ha filtrado, y acuden a su casa en número considerable, tanto que sería imposible atenderlos a todos, porque la capacidad de producción del medicamento es limitada. Apurando todas las horas del día —la droga ha de ser preparada por el doctor y el proceso de «maduración» se prolonga durante unos cuarenta días—, puede llegar a tratar un término medio de cuatro o cinco enfermos. En los dos años siguientes recibieron el tratamiento unos treinta. Todos experimentaron una mejoría inmediata, y el primer efecto beneficioso fue siempre la desaparición instantánea de los dolores. Pero al doctor Blanco siguen acudiendo fundamentalmente enfermos desahuciados, cadáveres vivientes; carnes destrozadas que, en suma, llegaban al doctor después de apurar todos los métodos.

Este ha sido el gran inconveniente con que ha tropezado hasta ahora. El doctor Blanco no es un milagrero ni un brujo. Simplemente, un científico que no puede ir más allá de sus posibilidades. Los enfermos habían sido destrozados por los métodos habituales, esencialmente agresivos. «Desde el primer momento —dice el doctor Emilio Alfaro, del Hospital de la Cruz Roja de Zaragoza— se decidió que las experiencias clínicas se efectuasen en pacientes con cualquier tipo de neoplasia maligna, en quienes se hubieran agotado ya los recursos terapéuticos convencionales. En su inmensa mayoría, los sujetos sometidos a tratamiento con I. CE. BE. (el producto del doctor Blanco) han pasado previamente por cirugía (radical en unos casos y simplemente exploradora y biópsica en otros), irradiación y, por último, quimioterapia.

»Es obvio asegurar que tanto estos enfermos como aquellos que por las características de su proceso (grado histológico, estadio clínico, diseminación metastática) en el momento de elegir el tratamiento inicial se consideraran inoperables o no susceptibles de irradiación, eran teóricamente incurables». Los tratamientos habituales habían caminado siempre en dirección contraria a la del doctor Blanco. Al combatir las consecuencias, y no las causas, habían producido trastornos irreparables. Buena prueba de esta afirmación es el patético caso del doctor Martín Muñoz, profesor de Medicina Interna de Zaragoza. Destrozado por un epitelioma espino-celular, se resiste a ser sometido a sesiones de cobaltoterapia. Al final sucumbe ante di-

versas presiones. Postrado en la cama con dolores irresistibles, las dosis más fuertes de calmantes —de ocho a diez dolviranes diarios, más Dolmen, tegretol, nolotil y opláceos— ya no le producen alivio alguno. Vivía en la llaga más espantosa, barrenado por un dolor permanente; le fluía la baba por las comisuras labiales y la rinorrea espantosa le había convertido en un guiñapo humano. Su familia consigue que lo visite el doctor Blanco Cordero.

versas presiones. Postrado en la cama con dolores irresistibles, las dosis más fuertes de calmantes —de ocho a diez dolviranes diarios, más Dolmen, tegretol, nolotil y opláceos— ya no le producen alivio alguno. Vivía en la llaga más espantosa, barrenado por un dolor permanente; le fluía la baba por las comisuras labiales y la rinorrea espantosa le había convertido en un guiñapo humano. Su familia consigue que lo visite el doctor Blanco Cordero.

El propio Martín Muñoz ha dejado testimonio escrito del encuentro y de los resultados obtenidos: «Fue parco en palabras. Después de visitarme, se marchó, y volvió días después. Me puso una inyección de su droga. Esa noche dormí normalmente, y ya no volví a necesitar analgésico alguno. A los pocos días volví a reemprender mis actividades en la Facultad». Pero, desgraciadamente el remedio había llegado demasiado tarde. El doctor Martín Muñoz había sido sometido a un tratamiento de cobaltoterapia y, más tarde, en Toulouse, a otro tipo de radiación con un generador electrónico, el último hallazgo en radioterapia. Las radiaciones, de una tremenda profundidad y actividad radiológica, le habían destrozado el esófago, provocándole una necrosis del mismo. Esta lesión era, por sí misma, irreparable. El doctor Blanco llegó tarde, pero a tiempo de eliminar el tremendo sufrimiento de su colega.

El testimonio escrito del doctor Martín Muñoz no necesita ningún comentario: «¿Que si estoy resentido? Te diré: estoy mutilado. La pena que me queda es que yo me considero, en este terreno, rebelde, que no quería dejarme operar, que hice lo que pude por oponerme. Pero me lo presentaron todo de tal forma que no tuve más remedio que aceptar. Estoy resentido porque, aunque lo conocían, no me hablaron nunca del doctor Blanco Cordero. Creo que, ante los hechos, es un crimen seguir con nuestro orgullo. Es una falta de moral no intentar la curación con esta droga. Sabes que soy un puritano, pero también soy cristiano, y los médicos no podemos perder de vista la máxima del amar al prójimo como a uno mismo. Los médicos tenemos tanto orgullo, que Dios se encarga, de cuando en cuando, de mandarnos estos regalos, para que veamos que somos poco, muy poco».

A pesar de que el doctor Blanco sólo puede disponer de «cadáveres» vivientes, obtiene mejorías y supervivencias en muchos casos. A la señora A. P. se le había diagnosticado un cáncer de ovario en 1967. Fue tratada por los sistemas habituales durante más de un año. Afortunadamente, se negó a recibir tratamiento de cobaltoterapia. Pero sufrió intervenciones quirúrgicas y aplicación de quimioterápicos. Cuando la conoció el doctor Blanco, tenía un cáncer diseminado con invasión de vejiga y de recto y con sintomatología propia de un período avanzado carcinomatoso. El tratamiento del doctor Blanco fue alternante durante unos seis meses. En casos parecidos, el enfermo habría muerto en dos o tres meses. Han pasado seis años y, como se puede apreciar en las revisio-

El cáncer en aquel momento era una enfermedad muy temida debido a su agresividad. Al igual que los tratamientos de radioterapia, quimioterapia o cobaltoterapia, no estaban tan avanzados como ahora y destrozaban al enfermo internamente, además de ser terriblemente costosos.

Para hacernos una idea, la extirpación de una mama suponía, como mínimo, unas cincuenta mil pesetas, y una intervención quirúrgica del hígado, casi trescientas mil pesetas. Añádase a esto la aplicación de los quimioterápicos y la variada gama de actividades estructuradas en torno al cáncer en general. Y todos estos interteses combinados serían objetivamente perjudicados por un tratamiento nuevo que prescindiera de todos ellos.

En propias palabras del Doctor Blanco en un reportaje para la revista "Sábado Gráfico", Ignacio recalcaba que los datos de curaciones del cáncer no eran reales, debido a que en contadas ocasiones los enfermos duraban algunos pocos meses sanos después de los tratamientos, debido a que habían destrozado sus cuerpos en el intento de acabar con el cáncer, como ocurrió con el anteriormente citado doctor Martín Muñoz.

Sólo con el I.CE.BE .-119, nombre de la droga, desde un comienzo desde su casa en Madrid y con una capacidad de producción limitada. Apurando todas las horas del día -la droga ha de ser preparada por el doctor y el proceso de "maduración" se prolonga durante unos cuarenta días-, puede llegar a tratar a escasos 4 o 5 enfermos.

En los dos años siguientes recibieron tratamiento unos 30. Todos experimentaron una mejoría inmediata, y el primer efecto beneficioso fue siempre la desaparición instánea de los dolores. Pero al doctor Blanco siguen acudiendo fundamentalmente enfermos desahuciados, cadáveres vivientes;

carnes destrozadas que, en suma, llegaban al doctor después de apurar todos los métodos. Al combatir las
consecuencias, y no las causas, habían producido trastornos irreparables.

Y este siempre fue el gran inconveniente con el que tropezaba el doctor una y otra vez, el doctor Blanco no era un milagrero ni un brujo. Simplemente, un científico que no podía ir más allá de sus posibilidades y luchando en contra de las dificultades impuestas por los organismos oficiales oncológicos.

Comienza a conocerse al Doctor Blanco, tratando pacientes en su propia casa, algunos en el Hospital de Marquesa de Villaverde y en los lugares más inverosímiles, de ser asaltado a la puerta de su casa y por la calle, comienza a conocérsele gracias al boca a boca. Trata al primer enfermo oficial en el Hospital Oncológico de Madrid. Oficial quiere decir que consta de un registro médico de ingreso y un alta médica.

EUSEBIO VAL CALVETE
JEFE DE LOS DEPARTAMENTOS DE
HISTOPATOLOGIA Y CITOLOGIA
DEL CENTRO REGIONAL DE ONCOLOGIA
DEL SANATORIO NACIONAL DE ENFERMEDADES TORACICAS
Y DEL HOSPITAL DE LA CRUZ ROJA

CERVANTES, 16, 1.ª DCHA.
TELEFONO 229648

ZARAGOZA ,10-Julio-1.972.

Nombre

Apellidos

Prescripción del Dr. SAEZ PARGA

ESTUDIO HISTOPATOLOGICO

Pieza remitida: TUMORACION DE REGION INGUINO-CRURAL.

Técnica histológica: Cortes por congelación.

Métodos de coloración: HEMATOXILINA-EOSINA y VAN GIESON.

INFORME

En las preparaciones obtenidas se observa que la tumoración remitida corresponde a estructura ganglionar en la que aparece hiperplásia atípica de elementos linfoblásticos de extirpe mesenquimatosa.

El índice mitótico es alto y algunas mitosis son atípicas.

La estructura es idéntica en todas las zonas, no existiendo detalles de morfologia ganglionar normal.

DIAGNOSTICO HISTOLOGICO : Linfosarcoma .-

48

Se trata de un hombre de cincuenta años, desahuciado, destruido por un fibrosarcoma. Sufre de múltiples hemorragias, porque el tumor, localizado en plena pierna derecha, afectaba a la arteria.

El Doctor al aplicarle la medicina, a la cuarta dosis mejora ostensiblemente, hasta que pocas dosis más tarde puede comenzar a caminar casi normalmente, con una leve cojera. Recordemos que su medicina, llamada oficialmente droga I.CE.BE.-119, se basaba en la regeneración de la célula neoplásica con un proceso totalmente natural. Regeneraba la célula cancerígena de forma natural, no la destruía químicamente.

Cabe destacar que el negocio oncológico era inmensamente rentable en la época para quien lo trataba. A día de hoy sigue siendo bastante costosa, pero en aquel momento por unas sesiones de cobaltoterapia se llegaba a pagar hasta 600.000 pesetas. Lo que hoy serían unos 3.600€, pero contando que en el final de los 60 con 100 pesetas podías pasar el fin de semana tranquilamente, el cálculo de lo que suponía ese gasto en aquel momento es aterrador.

Entonces, ¿cuánto cobraba el Doctor Blanco por cada dosis? Absolutamente nada. En otras palabras, cero. ¿Por qué? Solo él lo sabe. Dado a que llegaron a formarse unas "mafias" y "mercado negro" con el suministro de la medicina. Y no por parte del Doctor, ajeno a esa práctica, sino por muchos de los médicos y compañías que le rondaban, otros charlatanes y vendehumos que ni siquiera le conocían.

Se comenta que el Doctor lo sabía, o que por lo menos tenía nociones de esas prácticas, pero tenía tanto estrés encima que no quería echarse más piedras sobre sus hombros.

Ya casi se le escapaba de las manos curar a tantos y tantos enfermos desahuciados, lidiar con la prensa, con la presión de empezar a ser conocido y recibir zancadillas por los ambiciosos de la época que no querían que nadie pisara su terreno. El doctor Blanco no podía ocuparse de perseguir a los desalmados que se lucraban con su descubrimientos mientras a él, los propios integrantes de su gremio le ponían la sonrisa más falsa que alcanzaban a esbozar, simplemente esperando, y en muchos casos causando, el declive de su carrera, para no violentar la suya propia.

Se le acercaban charlatanes con mucho dinero que querían ser sus socios, magnates de importantísimas empresas, un duque portugués que supuestamente mandó un avión privado con dos gorilas para convencerle "por las buenas o por las malas" de tratar a su jefe. Esto fue una noticia que les llegó que nunca se pudo demostrar, pero la anécdota está ahí.

La prensa más resentida se dedicó a manchar el nombre del doctor y achacarle que estaba jugando a ser Dios. Él, sin embargo, simplemente creó una fórmula que regeneraba la célula, tal y como lo hacía el cuerpo, la medicina actúaba como una guía para la celula, detectando el tejido canceroso dañado, analizándolo para repararlo.

El Doctor investigaba la fórmula, subiendo y bajando cantidad de cada ingrediente para éste cóctel. Investigaba en su propio y limitado laboratorio, ya que durante todo ese tiempo, demasiado para el que realmente hubiese sido necesario de haberse creído sus palabras, seguía contrastando los resultados únicamente con las personas que decidían cerderle el permiso de ser tratadas con aquella misteriosa droga, entregando sus vidas a una posible esperanza que en muchos casos salió milagrosamente exitosa. En otras ocasiones no funciono como se esperaba, por lo que podemos imaginar dónde se aferró la prensa y los organismos públicos medicinales contra el cáncer a la hora de criticarla. Recibiendo apoyo casi nulo, llegando al punto de encontrar desprecio en "profesionales" que aún siquiera habían tenido la opción a conocerse en persona, y que, claramente para una ventajosa posición, sus detractores no tenían intención alguna de ponerse en contacto con el Doctor Blanco ni contrastar las evidencias, aunque él hiciera lo posible por ser escuchado y por mostrar su descubrimiento a la mayor gente posible.

Renace la fórmula de la "I.CE.BE.119"

- **El doctor Blanco Cordero trabaja en España para unos laboratorios internacionales en el perfeccionamiento del fármaco**
- **Una verdadera "maffia" mediatiza las relaciones entre algunos enfermos y el doctor Blanco Cordero**
- **Posiblemente, dentro de poco tiempo el nuevo producto comenzará sus pruebas clínicas**

Las letras de la "I.CE.BE. 119" eran el anagrama del maridaje científico entre los laboratorios fabricantes y el doctor don Ignacio Blanco Cordero. Una vez que la unión se disolvió, según parece por infidelidad mutua, no hay razón para que continúen entrelazados los nombres.

Seguimos defendiendo que la "I.CE.BE. 119" ha muerto. Lo que no ha muerto es el compuesto que el doctor Blanco Cordero inoculó a centenar y medio de enfermos con cáncer terminal.

Cuando todo el mundo creía que el doctor Blanco Cordero se encontraba en el extranjero, cuando todo hacía apuntar que, fuera de las tensiones que parecían rodear su experiencia en España, el médico descubridor de la droga contra el cáncer iba a trabajar allende de nuestras fronteras, la noticia ha saltado imprevista: el doctor Blanco Cordero se encuentra en un lugar de España, que silenciamos por razones que más tarde expondremos, y trabajando de nuevo con la fórmula que tenía la "I.CE.BE. 119".

El patrocinio de la nueva investigación la llevan unos laboratorios internacionales, cuyas cifras de ventas le sitúan entre los cinco primeros del mundo ya que han montado una gran factoría en Madrid recientemente.

LA INVESTIGACION POR OTROS MEDICOS : : : :

La investigación de las nueva droga, la ex "I.CE.BE. 119", no se hará incidiendo en los mismos errores que acompañaron a la primera investigación de unos laboratorios zaragozanos. De momento, el doctor Blanco Cordero investiga la farmacodinámica del producto, antes de salir nuevamente a escena. El doctor Blanco toma así el papel de lo que debía de haber sido siempre y a lo que hemos dedicado muchas líneas de mi periódico: un investigador. Las circunstancias le han sacado de su cometido, la fama le ha lanzado a derroteros que no eran los suyos, las personas arribistas, de las que hablaré luego más ampliamente, le incorporaron a un "rol" que estaba fuera de sus aptitudes. Se creyó que el éxito le la "I.CE.BE. 119" estaba en el poder taumatúrgico, en la facultad de "brujo" del doctor Blanco. Así se le solicitaba para visitar enfermos, para que pusiese sobre ellos su mano milagrosa, sin reconocer que su puesto estaba en el laboratorio rodeado de probetas y tubos. Sacarlo de este ambiente fue enrarecer y oscurecer el cometido y método que llevaba el doctor Blanco Cordero.

FALTA DE ORDEN Y METODO : : : : : : :

Precisamente por este lado es por donde han llegado las mayores acusaciones de los muchos enemigos que el doctor Blanco Cordero tuvo en su investigación: ha habido falta de orden, ha habido desconcierto, ha escaseado el método y las líneas maestras de investigación.

Cuando comienza esta nueva etapa de la droga del doctor Blanco Cordero, ya se han delineado las trayectorias de la experiencia. Habrá un centro dedicado a la investigación en España, cuya localización se silencia para obviar los problemas de afluencia masiva que acompañaron a la anterior etapa, y otro centro de prestigio internacional, en el extranjero. Con arreglo a este nuevo método, la investigación se realizará quizás muy pronto.

LOS ENFERMOS HOY

Creo que ya he dicho muchas veces que los enfermos que llegaron a los distintos centros donde se experimentó la "I.CE.BE. 119" eran enfermos desahuciados. En lenguaje técnico se dice que su cáncer era terminal. Todos ellos ya habían sido tratados con radioterapia, con quimioterapia e incluso con cirujía. El dictamen abocaba hacia un presagio fatal. Esto era en el mes de abril. Siete meses después, varios enfermos se han marchado a casa y algunos más, unos 50 continúan en tratamiento con la "I.CE.BE. 119" que los laboratorios que la producían siguen enviando a los centros médicos con enfermos. Bien es verdad que cada vez, los laboratorios exigen la aportación de más datos de los enfermos a los que van destinadas las dosis que se siguen fabricando. Antes era sólo el nombre; ahora es el nombre, el número de cama, su domicilio, etc.

En este aspecto no hay "corte" en el suministro y los enfermos siguen recibiendo su fármaco.

ALGO QUE SIRVE PARA MUESTRA : : : : : :

Nueve meses son muchos meses de vida para enfermos que traían su fecha de deceso fijada casi con precisión. Pero no quiero entrar en valoraciones que sólo pueden hacer los técnicos. Sin embargo, hoy que extrañarse de ciertas negativas que nos saltan hasta a los más profanos en la materia.

Por ejemplo, consultaba un escrito en la publicación de "Archivos de la Facultad de Medicina de Zaragoza" de hace muy pocas fechas. En ese escrito se decía que habían sido nueve los enfermos tratados en la Facultad con la "I.CE.BE. 119" en su etapa de investigación y que la media de tiempo que estuvieron bajo su efecto fue de 12,4 días. ¿Cómo es posible —nos preguntamos— que se quiera dar carácter científico a una investigación con nueve enfermos tratados doce días?

Pero lo más asombroso es que, cuando se habla de los resultados se dice que dos enfermos han tenido mejoras en su apetito, en su tono, etcétera. Como explicación se dice que puede deberse a la emoción del momento, al fármaco milagroso", a la "exaltación optimista del momento". Creemos que es poco serio todo esto.

UNA VERDADERA "MAFFIA" EN TORNO AL DOCTOR BLANCO CORDERO

Uno de los elementos que más ha contribuido a formar los acontecimientos negativos de los últimos días, ha sido, sin duda alguna, debido a la ingerencia de personas extrañas en el tema.

Cierto que la "I.CE.BE. 119" tiene muchas concomitancias y perspectivas. No le faltan las económicas y sociales. Tampoco le han faltado el adobo de la picaresca española.

Alrededor del doctor Blanco Cordero se creó y se sigue manteniendo, una verdadera "maffia" que vive de su secreto y de las esperanzas de los enfermos. Personas que se titulan cargos inexistentes, relaciones fantásticas con el doctor Blanco y que cobran por establecer un contacto con él. La red es tan tupida que, sin poder dar el número preciso, éste no es inferior a las quinientas personas. Medio millar de sujetos que tratan de aprovecharse de la zozobra, ansiedad y dolor de muchos enfermos para comercializar con sus expectativas. Ninguna son personas que pertenezcan a la esfera de la medicina, que son las únicas que pueden dictaminar con facultades. Muchas creen que están haciendo un bien al doctor Blanco Cordero, cuando lo cierto es que están entenebreciendo las vistas y las salidas.

UNA NUEVA ETAPA

Esto es lo que queríamos comunicar a nuestros lectores: el fármaco del doctor Blanco Cordero vuelve a llenar las esperanzas de los enfermos de cáncer. Sin poderlo atestiguar con precisión, quizás dentro de muy poco tiempo, el producto vuelva a salir a las pruebas clínicas. Saldrá de forma diferente a como hizo su aparición en la desgraciada droga de la "I.CE.BE. 119".

El número de enfermos será más reducido en nuestro país, pero parece ser que, para ahorrar los problemas que ha creado la otra etapa, se llevará la investigación también a un centro famosísimo del extranjero.

La esperanza vuelve a renacer. Que no la marchiten los oportunistas, es lo que hace falta.

ANGEL DE USA Y VILLAMEDIANA

EN LA MUERTE DE D. PEDRO CABEZA

Con don Pedro Cabeza, desaparece en Zaragoza, un gran hombre de bien y un magnífico empresario, que ha trabajado en bien de muchos.

Nació en Aranda de Moncayo, en octubre de 1892, en un hogar aragonés de activos labradores.

En 1910 marchó a la República Argentina, en donde permaneció por espacio de tres años, regresando a Zaragoza para cumplir sus deberes militares. Al finalizar sus servicios de armas trabajó como empleado en un establecimiento de maquinaria agrícola, ramo éste que ya no iba a abandonar. Poco tiempo después se estableció por cuenta propia en la plaza de Santángel, obligando las sucesivas ampliaciones del negocio a diversos traslados. Durante mucho tiempo, su empresa matriz se ubicó en Don Jaime I, número 31. En 1968, una nueva ampliación requirió el desplazamiento a su actual lugar, en el número 34 de la misma calle zaragozana.

Don Pedro Cabeza ocupó una Tenencia de Alcaldía, bajo la presidencia de don Jorge Jordana de Pozas, hasta el advenimiento de la II República. Era vocal de la Cámara de Comercio y socio de honor de la Cámara Norteamericana, que por su labor desde 1917 a 1967 le concedió el Diploma de Mérito, que le fue entregado por el embajador de ese país. También era socio de honor del Centro Mercantil y Agrícola de Zaragoza, hechos todos que se explican, tanto por la dimensión geográfica de su empresa (con sucursales en Huesca, Tudela, Albacete, Badajoz y Sevilla), cuanto por haber superado, hace cuatro años, los cincuenta de dedicación al campo español y aragonés, desde la empresa "Pedro Cabeza, S. A.".

Su dinamismo empresarial le llevó a constituir en régimen de sociedad anónima la razón social "Maquinaria y Fundiciones de Acero, S. A." dedicada a la fabricación y diseño de maquinaria agrícola y emplazada también en nuestra ciudad. Participó en la creación de otras empresas y sus correspondientes puestos de trabajo. Ello justifica el que se halle en posesión de la Medalla al Mérito Sindical y el que se le concediera también la del Mérito al Trabajo. Pertenecía, asimismo, a varios Consejos de Empresa radicados en esta ciudad de Zaragoza.

En la actualidad, sus dos hijos varones, Pedro y Jesús, se hallan al frente de las dos centrales zaragozanas. Junto con sus dos hijas, frutos todos ellos de su matrimonio con doña María Garrido Coll, le han dado un total de veintidós nietos, que garantizan ampliamente la continuidad en el futuro de estas empresas, tan netamente aragonesas y zaragozanas.

A todos les expresa EL NOTICIERO su más sentido pésame.

Se celebró el pasado domingo

La fiesta de los sastres zaragozanos

La Hermandad de San Homobono de los maestros sastres de Zaragoza, celebró el pasado domingo su festividad. Tras una misa en la capilla de Nuestra Señora de Cogullada, tuvo lugar en el Gran Hotel de nuestra ciudad un desfile de modelos que representaron a España en el XV Congreso Mundial de la Moda Masculina 1973, celebrado recientemente en Londres y de algunas creaciones de los maestros sastres de Zaragoza. Pasaron los trajes los caballeros exhibidores, don Adolfo Ariés y el señor López Sierra y fueron presentados por Mario Cabré, que ahora se dedica a llevar las Relaciones Públicas de una empresa textil y a escribir en sus ratos libres.

A continuación tuvo lugar un almuerzo, en el transcurso del cual se hizo entrega de la medalla de oro de la Hermandad al presidente del Gremio Artesano de Sastres y Modistas de Valencia, don Alfonso Navarro.

Asistieron a los diferentes actos programados: el delegado de Sindicatos, señor Ruiz Ortega; los señores Trol y Echevarría, representando a "La Confianza"; don Eduardo Plana, presidente del Sindicato Nacional Textil; don Isidoro Esteban, presidente de la Hermandad; el señor Vallejo, presidente del Sindicato Provincial Textil y don Antonio Navarro, presidente del Grupo Sindical de Sastrería a medida.

Los sastres zaragozanos vivieron un día de confraternización y amistad al celebrar la festividad de San Homobono. Felicitamos a todos.

Nota de la Jefatura Superior de Policía de Zaragoza

En la tarde del sábado y durante el domingo, por funcionarios de la Jefatura Superior de Policía fueron sorprendidos cuando se dedicaban a la reventa de localidades para el partido de fútbol, los siguientes individuos:

Fernando Laguardia Prado, Pedro Riera Pujadas, Hilario Torres Llena, Abel Ruiz Sarnago, Esteban Riazuelo Albalá, Tomás Sánchez Carmona y José Juan Ramos Cañizal.

Estos dos últimos son dos profesionales de la reventa desplazados desde Madrid a esta capital.

A todos ellos les fueron ocupadas cierto número de localidades y les fue impuesta una sanción gubernativa por la Jefatura Superior.

Vehículos sustraídos

Simca 900, Z-102.062 verde.
Seat 124-D, Z-3.188-A rojo.
Seat 600, Z-26.234 azul claro.
Seat 1.500, NA-36.730 azul gris.
Renault R-5, Z-3.464-B rojo.
Derby, P. M.-13.148 rojo.
Bultaco ,LO-40-A rojo.
Mobylette, P. M.-6.488 rojo.
Mobylette, P. M.-18.934 naranja.

Vehículos recuperados

Seat 600-D, Z-64.711.

RECUERDE QUE LA LUZ AMARILLA INDICA EL CAMBIO INMEDIATO DE LA LUZ VERDE. ESPERE A QUE SE ENCIENDA LA ROJA. SI ESTA CRUZANDO TERMINE DE PASAR RAPIDAMENTE. SI AUN NO HA EMPEZADO, NO LO INTENTE

10 — EL NOTICIERO — Martes, 20 de Noviembre 1973

Las letras de la "I.CE.BE. 119" eran el anagrama del maridaje científico entre los laboratorios fabricantes y el doctor don Ignacio Blanco Cordero. Una vez que la unión se disolvió, según parece por infidelidad mutua, no hay razón para que continúen entrelazados los nombres.

Seguimos defendiendo que la "I.CE.BE. 119" ha muerto. Lo que no ha muerto es el compuesto que el doctor Blanco Cordero inoculó a centenar y medio de enfermos con cáncer terminal.

Cuando todo el mundo creía que el doctor Blanco Cordero se encontraba en el extranjero, cuando todo hacía apuntar que, fuera de las tensiones que parecían rodear su experiencia en España, el médico descubridor de la droga contra el cáncer iba a trabajar allende de nuestras fronteras, la noticia ha saltado imprevista: el doctor Blanco Cordero se encuentra en un lugar de España, que silenciamos por razones que más tarde expondremos, y trabajando de nuevo con la fórmula que tenía la "I.CE.BE. 119".

El patrocinio de la nueva investigación la llevan unos laboratorios internacionales, cuyas cifras de ventas le sitúan entre los cinco primeros del mundo ya que han montado una gran factoría en Madrid recientemente.

LA INVESTIGACION POR OTROS MEDICOS : : : :

La investigación de las nueva droga, la ex "I.CE.BE. 119", no se hará incidiendo en los mismos errores que acompañaron a la primera investigación de unos laboratorios zaragozanos. De momento, el doctor Blanco Cordero investiga la farmacodinámica del producto, antes de salir nuevamente a escena. El doctor Blanco toma así el papel de lo que debía de haber sido siempre y a lo que hemos dedicado muchas líneas de mi periódico: un investigador. Las circunstancias le han sacado de su cometido, la fama le ha lanzado a derroteros que no eran los suyos, las personas arribistas, de las que hablaré luego más ampliamente, le incorporaron a un "rol" que estaba fuera de sus aptitudes. Se creyó que el éxito le la "I.CE.BE. 119" estaba en el poder taumatúrgico, en la facultad de "brujo" del doctor Blanco. Así se le solicitaba para visitar enfermos, para que pusiese sobre ellos su mano milagrosa, sin reconocer que su puesto estaba en el laboratorio rodeado de probetas y tubos. Sacarlo de este ambiente fue enrarecer y oscurecer el cometido y método que llevaba el doctor Blanco Cordero.

FALTA DE ORDEN Y MÉTODO : : : : : : :

Precisamente por este lado es por donde han llegado las mayores acusaciones de los muchos enemigos que el doctor Blanco Cordero tuvo en su investigación: ha habido falta de orden, ha habido desconcierto, ha escaseado el método y las líneas maestras de investigación.

Cuando comienza esta nueva etapa de la droga del doctor Blanco Cordero, ya se han delineado las trayectorias de la experiencia. Habrá un centro dedicado a la investigación en España, cuya localización se silencia para obviar los problemas de afluencia masiva que acompañaron a la anterior etapa, y otro centro de prestigio internacional, en el extranjero. Con arreglo a este nuevo método, la investigación se realizará quizás muy pronto.

LOS ENFERMOS HOY

Creo que ya he dicho muchas veces que los enfermos que llegaron a los distintos centros donde se experimentó la "I.CE.BE. 119" eran enfermos desahuciados. En lenguaje técnico se dice que su cáncer era terminal. Todos ellos ya habían sido tratados con radioterapia, con quimioterapia e incluso con cirujía. El dictamen abocaba hacia un presagio fatal. Esto era en el mes de abril. Siete meses después, varios enfermos se han marchado a casa y algunos más, unos 50 continúan en tratamiento con la "I.CE.BE. 119" que los laboratorios que la producían siguen enviando a los centros médicos con enfermos. Bien es verdad que cada vez, los laboratorios exigen la aportación de más datos de los enfermos a los que van destinadas las dosis que se siguen fabricando. Antes era sólo el nombre; ahora es el nombre, el número de cama, su domicilio, etc.

En este aspecto no hay "corte" en el suministro y los enfermos siguen recibiendo su fármaco.

ALGO QUE SIRVE PARA MUESTRA : : : : : :

Nueve meses son muchos meses de vida para enfermos que traían su fecha de deceso fijada casi con precisión. Pero no quiero entrar en valoraciones que sólo pueden hacer los técnicos. Sin embargo, hay que extrañarse de ciertas negativas que nos saltan hasta a los más profanos en la materia.

Por ejemplo, consultaba un escrito en la publicación de "Archivos de la Facultad de Medicina de Zaragoza" de hace muy pocas fechas. En ese escrito se decía que habían sido nueve los enfermos tratados en la Facultad con la "I CE BE. 119" en su etapa de investigación y que la media de tiempo que estuvieron bajo su efecto fue de 12,4 días. ¿Cómo es posible —nos preguntamos— que se quiera dar carácter científico a una investigación con nueve enfermos tratados doce días?

Pero lo más asombroso es que, cuando se habla de los resultados se dice que dos enfermos han tenido mejoras en su apetito, en su tono, etcétera. Como explicación se dice que puede deberse a la emoción del momento, al fármaco milagroso", a la "exaltación optimista del momento". Creemos que es poco serio todo esto.

UNA VERDADERA "MAF-FIA" EN TORNO AL DOCTOR BLANCO CORDERO

Uno de los elementos que más ha contribuido a formar los acontecimientos negativos de los últimos días, ha sido, sin duda alguna, debida a la ingerencia de personas extrañas en el tema.

Cierto que la "I.CE.BE. 119" tiene muchas concomitancias y perspectivas. No le faltan las económicas y sociales. Tampoco le han faltado el adobo de la picaresca española.

Alrededor del doctor Blanco Cordero se creó y se sigue manteniendo, una verdadera "maffia" que vive de su secreto y de las esperanzas de los enfermos. Personas que se titulan cargos inexistentes, relaciones fantásticas con el doctor Blanco y que cobran por establecer un contacto con él. La red es tan tupida que, sin poder dar el número preciso, éste no es inferior a las quinientas personas. Medio millar de sujetos que tratan de aprovecharse de la zozobra, ansiedad y dolor de muchos enfermos para comercializar con sus expectativas. Ninguna son personas que pertenezcan a la esfera de la medicina, que son las únicas que pueden dictaminar con facultades. Muchas creen que están haciendo un bien al doctor Blanco Cordero, cuando lo cierto es que están entenebreciendo las vistas y las salidas.

UNA NUEVA ETAPA

Esto es lo que queríamos comunicar a nuestros lectores: el fármaco del doctor Blanco Cordero vuelve a llenar las esperanzas de los enfermos de cáncer. Sin poderlo atestiguar con precisión, quizás dentro de muy poco tiempo, el producto vuelva a salir a las pruebas clínicas. Saldrá de forma diferente a como hizo su aparición en la desgraciada droga de la "I.CE.BE. 119".

El número de enfermos será más reducido en nuestro país, pero parece ser que, para ahorrar los problemas que ha creado la otra etapa, se llevará la investigación también a un centro famosísimo del extranjero.

La esperanza vuelve a renacer. Que no la marchiten los oportunistas, es lo que hace falta.

ANGEL DE USA
Y VILLAMEDIANA

En este reportaje para el periódico "El Noticiero", Ángel de Uña y Villamediana describe de manera fiel y precisa toda la angustiosa situación vivida día tras día por el doctor Blanco Cordero intentando sacar adelante su producto con innumerables peligros a la espalda, de los que, obviamente, tuvo que huir: "Cuando todo el mundo creía que el doctor Blanco Cordero se encontraba en el extranjero, cuando todo hacía apuntar que, fuera de las tensiones que parecían rodear su experiencia en España, el médico descubridor de la droga contra el cáncer iba a trabajar allende de nuestras fronteras, la noticia ha saltado imprevista: el doctor Blanco Cordero se encuentra en un lugar de España, que silenciamos por razones que más tarde expondremos, y trabajando de nuevo con la fórmula que tenía la "I.CE.BE. 119".

El patrocinio de la nueva investigación la llevan unos laboratorios internacionales, cuyas cifras de ventas le sitúan entre los cinco primeros del mundo ya que han montado una gran factoría en Madrid recientemente.

LA INVESTIGACIÓN POR OTROS MÉDICOS

La investigación de las nuevas drogas, la ex "I.CE.BE. 119", no se hará incidiendo en los mismos errores que acompañaron a la primera investigación de unos laboratorios zaragozanos. De momento, el doctor Blanco Cordero investiga la farmacodinámica del producto, antes de salir nuevamente a escena. El doctor Blanco toma así el papel de lo que debía de haber sido siempre y a lo que hemos dedicado muchas líneas de mi periódico: un investigador.

Las circunstancias le han sacado de su cometido, la fama le ha lanzado a derroteros que no eran los suyos, las personas arribistas, de las que hablaré luego más ampliamente, le incorporaron a un "rol" que estaba fuera de sus aptitudes. Se creyó que el éxito de la "I.CE.BE. 119" estaba en el poder taumatúrgico, en la facultad de "brujo" del doctor Blanco. ASí se le solicitaba para visitar enfermos, para que pusiese sobre ellos su mano milagrosa, sin reconocer que su puesto estaba en el laboratorio rodeado de probetas y tubos. Sacarlo de este ambiente fue enrarecer y oscurecer el cometido y método que llevaba el doctor Blanco Cordero.

FALTA DE ÓRDEN Y MÉTODO

Precisamente por este lado es por donde han llegado las mayores acusaciones de muchos enemigos que el doctor Blanco Cordero tuvo en su investigación: ha habido falta de orden, ha habido desconcierto, ha escaseado el método y las líneas maestras de investigación.

Cuando comienza esta nueva etapa de la droga del doctor Blanco Cordero, ya se han delineado las trayectorias de la experiencia. Habrá un centro dedicado a la investigación en España, cuya localización se silencia para obviar los problemas de afluencia masiva que acompañaron la anterior etapa, y otro centro de prestigio internacional (Vichy), en el extranjero. Con arreglo a este nuevo método, la investigación se realizará quizás muy pronto.

LOS ENFERMOS HOY

Creo que ya he dicho muchas veces que los enfermos que llegaron a los distintos centros donde se experimentó la "I.CE.BE. 119" eran enfermos deshauciados. En lenguaje técnico se dice que su cáncer era terminal. Todos ellos ya habían sido tratados con radioterapia, con quimioterapia e incluso cirujía.

El dictamen abocaba hacia un presagio fatal. Esto era en el mes de abril, siete meses después varios enfermos se han marchado a casa y algunos más, unos 50 continuan en tratamiento con la "I.CE.BE. 119" que los laboratorios que la producían siguen enviando a los centros médicos con enfermos. Bien es verdad que cada vez, los laboratorios exigen la aportación de más datos de los enfermos a los que van destinadas las dosis que se siguen fabricando. Antes era sólo el nombre: ahora es el nombre, el número de cama, su domicilio, etc.

En este aspecto no hay "corte" en el suministro y los enfermos siguen recibiendo su fármaco."

Si hacemos un breve inciso y echamos la vista al año 2020, durante el comienzo de la pandemia del SARS-CoV-2 o COVID-19, numerosas empresas farmacéuticas sacaron a mercado unas vacunas prácticamente sin ningún tipo de preprueba o testeo, y se repartieron en masa a toda la población sin rechistar. Podemos contemplar el hecho que era una enfermedad totalmente nueva y misteriosa, que cundió el pánico y la desesperación.

Contemos que el cáncer ha matado a un número multiplicado más de personas que el COVID-19 y, aún así, se le impusieron todo tipo de dificultades en vez de intentar apoyar y visibilizar la medicina, por el mero hecho de ver si efectivamente funcionaba o no, en vez de darle puntapiés hacia abajo para que no se pudiera asomar.

Deja entrever cristalinamente, que la insistencia del doctor Blanco no era una locura, porque había pruebas exitosas, tests en animales y personas exitosas, curaciones parciales, meses y meses de alargamiento de vida suprimiendo el dolor, mejora constante y, en algunos casos, curaciones completas milagrosas. De hecho, a día de hoy, aún viven pacientes suyos. Y así también se vió que las intenciones de muchos detractores no eran limpias.

Prosigue el reportaje de Ángel de Uña y Villamediana:

"ALGO QUE SIRVE PARA MUESTRA

Nueve meses son muchos meses de vida para enfermos que traían su fecha de deceso fijada casi con precisión. Pero no quiero entrar en valoraciones que sólo pueden hacer los técnicos. Sin embargo, hay que extrañarse de ciertas negativas que nos saltan hasta a los más profanos en la materia.

Por ejemplo, consultaba un escrito en la publicación de "Archivos de la Facultad de Medicina de Zaragoza" de hace muy pocas fechas (en aquel momento). En ese escrito se decía que habían sido nueve los enfermos tratados en la Facultad con la "I.CE.BE. 229" en su etapa de investigación y que la media de tiempo que estuvieron bajo su efecto fue de 12,4 días. ¿Cómo es posible -nos preguntamos- que se quiera dar carácter científico a una investigación con nueve enfermos tratados doce días?

Pero lo más asombroso es que cuando se habla de los resultados se dice que dos enfermos han tenido mejoras en su apetito, en su tono, etcétera. Como explicación se dice que puede deberse a la emoción del momento, al fármaco milagroso, a la "exaltación optimista del momento". Creemos que es poco serio todo esto.

UNA VERDADERA MAFIA EN TORNO AL DOCTOR BLANCO CORDERO

Uno de los elementos que más ha contribuido a formar los acontecimientos negativos de los últimos días, ha sido, sin duda alguna, debida a la ingerencia de personas extrañas en el tema.

Cierto que la "I.CE.BE. 119" tiene muchas concomitancias y perspectivas. No le valtan las económicas y sociales. Tampoco le han faltado el adobo de la picaresca española.

Alrededor del doctor Blanco Cordero se creó y se sigue manteniendo una verdadera mafia que vive de su secreto y de las esperanzas de los enfermos. Personas que se titulan cargos inexistentes, relaciones fantásticas con el doctor Blanco y que cobran por establecer un contacto con él. La red es tan tupida que, sin poder dar el número preciso, éste no es inferior a las quinientas personas.

Medio millar de sujetos que tratan de aprovecharse de la zozobra, ansiedad y dolor de muchos enfermos para comercializar con sus expectativas. Ninguna son personas que pertenezcan a la esfera de la medicina, que son las únicas que pueden dictaminar con facultades. Muchas creen que están haciendo un bien al doctor Blanco Cordero, cuando lo cierto es que están entenebreciendo las vistas y las salidas.

UNA NUEVA ETAPA

Esto es lo que queríamos comunicar a nuestros lectores: el fármaco del doctor Blanco Cordero vuelve a llenar las esperanzas de los enfermos de cáncer. Sin poderlo atestiguar con precisión quizás dentro de muy poco tiempo, el producto vuelva a salir a las pruebas clínicas. Saldrá de forma diferente a como hizo su aparición en la desgraciada droga de la "I.CE.BE. 119".

El número de enfermos será más reducido en nuestro país, pero parece ser que, para ahorrar los problemas que ha creado la otra etap, se llevará la investigación también a un centro famosísimo del extranjero (Vichy).

La esperanza vuelve a renacer, que no la marchiten los oportunistas es lo que hace falta."

Este artículo aparecía el 20 de Noviembre de 1973 en el periódico "El Noticiero", menos de 3 años después, el doctor Blanco Cordero había muerto.

Un mes antes, aparecía este artículo de la revista Sábado Gráfico a fecha de 29 de Septiembre de 1973, momento en el que el Doctor decide desaparecer de la visión pública debido a las presiones y el estrés acumulado al que estaba sometido por plena obligación mediática. El autor Eliseo Bayo, ya no solo de forma periodística, sino rozando la poética, un ingenio que queda al alcance de muy pocas mentes y que describe a la perfección la situación del Doctor Blanco y la de muchos otros descubridores, investigadores,químicos, médicos, biólogos, artistas, y un largo etcétera:

"Hoy he tenido un mal sueño. Los malos sueños son aquellos que deforman la realidad hasta hacerla apetecible, y, al despertarnos, nos enfrentamos con el mundo de siempre, hosco rutinario, torpe,...
Cien veces mejor no haber despertado. Seguir vagando por la locura de las sombras, hablar y ser escuchado, pensar sin miedos, actuar sin recelos. Abrir los cajones bien ordenados de la lógica. No temer ataques por sorpresa. Acomodarse a lo que es bueno. Digerir las cosas sin que el estómago se convierta en monitor de calamidades. La verdadera historia de la Humanidad se narra en los sueños, donde se construyen los mundos invisibles y se destrozan los enemigos."

Un acertado adjetivo conjunto en sí mismo para toda la situación vivida por el Doctor desde el mismo comienzo que decidió seguir adelante con su estudio.

Continúa Eliseo su experiencia con el Doctor, con el que estrechó lazos, profesionales y personales:

"Durante varios días de agosto estuve al lado del doctor Blanco Cordero en Zaragoza y fui testigo de sus peores horas. Parecía convertido en el enemigo público número uno. Apenas se dejaba ver en la calle y llegó a desaparecer de su domicilio. Varias veces estuvo a punto de indicarme dónde vivía y no se lo permití. Zaragoza, por unas semanas, se había transformado en un centro de conspiración. Desde Brasil, desde Alemania y desde Francia se habían trasladado agentes de laboratorios para ganarse la firma del doctor. Para nadie era un secreto que la fórmula del doctor Blanco escondía más valor, de ser cierta, que una mina de oro.

Un sencillo ejemplo. En los Estados Unidos existen cuarenta millones de cancerosos y precancerosos. Cuarenta millones de frascos vendidos diariamente. Multiplicados por todos los enfermos del mundo, lafamosa droga anticancersoa se convertiría en el negocio más fabulos de los últimos años. A nivel científico, el descubrimiento del fármaco -y sobre todo, la investigación sobre las causas del cáncer- colocaría al doctor Blanco entre las figuras más importantes de la historia de la Medicina. Demasiado estrepitoso para no levantar tempestades.

Por otra parte, el conocimiento de que en Zaragoza existía un médico capaz de curar la más terrible de las enfermedades habría producido peregrinaciones en masa. No había ningún laboratorio preparado para acallar las inquietudes de millones de solicitantes. ¿Era conveniente lanzar la noticia más sensacional del verano y del siglo? Muchos intereses que podían tambalearse con el descubrimiento del doctor Blanco se conjuraron en su contra.

El hombre que yo vi durante unos días era un ser despellejado, huidizo, hundido, incapaz de soportar sobre sus hombros tanta responsabilidad y tanta lucha sorda. Cofabulaciones, maniobras, tanteos, zancadillas, deseo de aprovecharse de la situación, tejieron una terrible tela en torno del doctor. Ya no podía discernir los amigos de los enemigos, los fieles de los aprovechados. El fármaco, que tantos buenos resultados había dado en un principio, apareción de pronto desprovisto de sus mejores cualidades y el doctor Blanco hubo de prohibir su fabricación. Los enfermos empezaban a alarmarse. Era una situación crítica."

En la fotografía, el doctor Blanco Cordero, de cuyos sensacionales trabajos nos ocupamos en este número. Foto: RECUERO

Poniendo un ejemplo acorde, imagina ser el inventor de un aparato o producto que proporciona energía infinita al mismo coste, o la misma energía a coste cero. Todas, absolutamente todas las empresas dedicadas a la venta de energía o todas las subordinadas a esta práctica quedarían automáticamente obsoletas. Creo que todos estamos de acuerdo en que una de las misiones principales de estas empresas sería intentar salvaguardar su futuro, exponiendo al futuro de todos los demás, millones y millones de personas a un sistema más antiguo, desfasado, por el mero hecho de que cientos o simplemente decenas de personas sigan recogiendo riqueza con esta práctica.

No hay visión de mejora, de actualización, de evolución humana. Solo hay ganancia, amasar fortuna y pasar el leve trecho que es la vida de la forma más tranquila y acomodada posible. Apostando al porvenir el futuro de muchas personas, y con estas sus familias, solo porque la nuestra, no pase algo más de hambre un tiempo hasta encontrar otra dedicación. El miedo propio a la condena es lo que nos hace capaces de condenar a toda la demás creación, incluso si el futuro de la humanidad estuviese en nuestras manos. Aún así, seríamos capaces vender el mundo por nuestro beneficio. Y por eso, nuestra sociedad funciona de forma coja, trambólica, tambaleante, hacia un futuro que se nos viene grande, pero que por X o por Y siempre acabamos sorteando, porque el ser humano será ruin, pero, por suerte o por desgracia, es superviviente. Y eso es a lo que muchos cavernícolas modernos nos someten con sus egoístas decisiones.

El Doctor Blanco no solo tenía que mostrar efectiva su fórmula y curar a miles de personas para hacer ver su valía. Además, todos sus detractores intentaban añadirle más tareas, más imposiciones, más trabas. Lo explica Eliseo a continuación:

"El doctor Blanco Cordero tenía que demostrar siempre, aquí y ahora, el éxito, Responder a las exigencias del genio -es decir, acertar, descubrir la sombra inconcreta de las cosas, superarse por encima de millones de contemporáneos, romper el calendario, iniciar un nuevo período de la historia de la ciencia- y, al mismo tiempo, acomodarse a las servidumbres de los "normales". Al hombre de ciencia, al descubridor, se le exige siempre mucho más. No hay piedad para él. Se intenta su destrucción y, si fracasa, escuchará el coro de los voceadores. Si triunfa... Bueno, si triunfa estará ya demasiado cansado. Y no es eso lo peor. Lo peor está en el paréntesis de silencio y de lucha. El cansancio justificado puede desmoronar para siempre un hallazgo. Infinitos Mozart asesinados. Cuando uno elige la verdad, debe saber que se convierte en enemigo de los que no quieren la verdad científica. Ha de temer por su vida. Y más, ha de temer por su fracaso, porque éste vuelve a sepultar en la oscuridad a millones de seres."

Por lo que puede conocerse de su patente y según las palabras del Doctor, la fórmula constituía de una mezcla aproximada de:
- **40 miligramos de urea**
- **40 miligramos de ácido benzoico**
- **40 miligramos de ioduro potásico**

Toda la mezcla la fusionaba con aproximadamente **80 miligramos de sulfato magnésico** y le añadía algo de **glucosa**. Generalmente la misma cantidad que las demás. Con una **maduración** de entre **20 y 30 días**.

No paró de intentar precisar las medidas y calibrarla de manera eficiente a cada tumor, que le presentaba diferentes retos. De hecho, para un tumor extenso y doloroso añadía etanol, para producir algo de euforia en el sujeto.

Claramente, las medidas se perfeccionaron, y nunca llegó a poder explicar del todo cuál era el número exacto de miligramos en cada producto.

VÉASE LA PATENTE REAL DE LA MEDICINA AL FINAL DE ESTE LIBRO.

DOCTOR BLANCO

Por ELISEO BAYO

El doctor don José Ignacio Blanco Cordero nació en Medina de Rioseco, hace treinta y siete años. Cursó la carrera de Medicina en Madrid, doctorándose con la tesis "Ureasa enmucosa gástrica", ante los profesores Mutilla y Oliveros. Sus calificaciones universitarias fueron de sobresaliente cum laude. Ha trabajado en la Facultad de Medicina de Madrid, en el Servicio de Rehabilitación y en el Hospital Provincial madrileño. Es especialista en medicina interna y bioquímica. Ha estudiado en diferentes centros de Bioquímica en Estados Unidos.

Como anunciábamos la semana pasada, este capítulo de la serie «Muertes y resurrección de un país» interrumpe el viaje de nuestro colaborador Eliseo Bayo por la Península. La noticia de que el doctor Blanco Cordero ha llegado a un acuerdo con cierto laboratorio extranjero —después de intentar denodadamente quedarse en el país— encaja de lleno en la serie. Una parte del país puede morir si alguno de sus miembros más esforzados —que sostienen una dura lucha intelectual— no encuentra caminos adecuados. Nues-

tro colaborador piensa que no debería existir riesgo en defender y comprobar cualquier aventura intelectual. Una traba burocrática o un simple recelo puede eliminar ciertos nerviosismos y ciertos problemas «coyunturales». Lo peor, y lo irreparable, es que puede obstruir un avance constructivo. Cree que más vale arriesgarse a cometer el «ridículo» e incluso a ser víctima de charlatanes —siempre acaban hundiéndose ellos mismos— que ser cómplices de una muerte científica.

Hoy he tenido un mal sueño. Los malos sueños son aquellos que deforman la realidad hasta hacerla apetecible, y, al despertarnos, nos enfrentamos con el mundo de siempre, hosco, rutinario, torpe, manipulado por enanos. Cien veces mejor no haber despertado. Seguir vagando por la locura de las sombras, hablar y ser escuchado, pensar sin miedos, actuar sin recelos. Abrir los cajones bien ordenados de la lógica. No temer ataques por sorpresa. Acomodarse a lo que es bueno. Digerir las cosas sin que el estómago se convierta en monitor de calamidades. La verdadera historia de la Humanidad se narra en los sueños, donde se construyen los mundos invisibles y se destrozan los enemigos. Durante varios días de agosto estuve al lado del doctor Blanco Cordero en Zaragoza y fui testigo de sus peores horas. Parecía convertido en el enemigo público número uno. Apenas se dejaba ver en la calle y llegó a desaparecer de su domicilio. Varias veces estuvo a punto de indicarme dónde vivía y no se lo permití. Zaragoza, por unas semanas, se había transformado en un centro de conspiración. Desde Brasil, desde Alemania y desde Francia se habían trasladado agentes de laboratorios para ganarse la firma del doctor. Para nadie era un secreto que la fórmula del doctor Blanco escondía más valor, de ser cierta, que una mina de oro. Un sencillo ejemplo. En los Estados Unidos existen cuarenta millones de cancerosos y precancerosos. Cuarenta millones de frascos vendidos diariamente. Multiplicados por todos los enfermos del mundo, la famosa droga anticancerosa se convertía en el negocio más fabuloso de los últimos años. A nivel científico, el descubrimiento del fármaco —y sobre todo,

la investigación sobre las causas del cáncer— colocaba al doctor Blanco entre las figuras más importantes de la historia de la Medicina. Demasiado estrepitoso para no levantar tempestades. Por otra parte, el conocimiento de que en Zaragoza existía un médico capaz de curar la más terrible de las enfermedades habría producido peregrinaciones en masa. No había ningún laboratorio preparado para acallar las inquietudes de millones de solicitantes. ¿Era conveniente lanzar la noticia más sensacional del verano y del siglo? Muchos intereses que podían tambalearse con el descubrimiento del doctor Blanco se conjuraron en su contra. El hombre que yo vi durante unos días era un ser despellejado, huidizo, hundido, incapaz de soportar sobre sus hombros tanta responsabilidad y tanta lucha sorda. Confabulaciones, maniobras, tanteos, zancadillas, deseo de aprovecharse de la situación, tejieron una terrible tela en torno del doctor. Ya no podía discernir los amigos de los enemigos, los fieles de los aprovechados. El fármaco, que tantos buenos resultados había dado en principio, apareció de pronto desprovisto de sus mejores cualidades y el doctor Blanco hubo de prohibir su fabricación. Los enfermos empezaban a alarmarse. Era una situación crítica.

El doctor Blanco Cordero tenía que demostrar, siempre, aquí y ahora, el éxito. Responder a las exigencias del genio —es decir, acertar, descubrir la sombra inconcreta de las cosas, superarse por encima de millones de contemporáneos, romper el calendario, iniciar un nuevo período de la historia de la ciencia— y, al mismo tiempo, acomodarse a las servidumbres de

los "normales". Al hombre de ciencia, al descubridor, se le exige siempre mucho más. No hay piedad para él. Se intenta su destrucción y, si fracasa, escuchará el coro de los voceadores. Si triunfa... Bueno, si triunfa estará ya en lucha. El cansancio justificado puede desmoronar para siempre un hallazgo. Infinitos Mozart asesinados. Cuando uno elige la verdad, debe saber que se convierte en enemigo de los que no quieren la verdad científica. Ha de temer por su vida. Y más, ha de temer por su fracaso, porque éste vuelve a sepultar en la oscuridad a millones de seres.

Desde hace quince días he andado detrás del doctor Blanco. Desde que leí en la prensa la noticia de su compromiso firmado con un laboratorio extranjero. Me ha sido imposible localizarlo. En el mal sueño de hace unas horas me he sentido tentado a creer que el doctor Blanco no ha existido, que nunca hablé con él. Guardo las cintas magnetofónicas en las que se narra una historia de un hombre pequeño, sudoroso, aplicado, terriblemente fatigado, que cometió el error de decir que había conseguido un gran hallazgo. Nadie le creyó, salvo sus enfermos. Después, he soñado que han pasado veinte, treinta años y que, viejo yo, he acudido a un aeropuerto de nuestro país donde se habían congregado millares de compatriotas para dar la bienvenida a un hombrecito canoso, tallado en puro nervio, que en perfecto alemán agradecía nuestra gentileza al invitarle a dar una conferencia en un club privado de la capital. La pesadilla continúa al recordar esta entrevista, que no fue publicada en su día.

LO PERFECTO NO EXISTE EN LA VIDA ORGÁNICA

«HASTA hace algunos años, se pensaba que únicamente existían dos estados: el del hombre sano y del hombre enfermo. En la actualidad no se establece un límite preciso entre salud y enfermedad. Un estado de mayor o menor salud, con unas oscilaciones que entran en un marco que llamamos normal. El concepto es mucho más claro, mucho más firme: efectivamente, todas las variaciones influyen sobre el ser humano

hasta tal punto que en el caso de las constantes, si nos referimos a las constantes del cuerpo humano, no podremos decir que lo normal es que tenga un gramo de glucosa en sangre, por ejemplo. Siempre se establecen unas diferencias entre 0,90 y 1,20, en este caso. Pero, no solamente ocurre con la glucosa, sino con todas las constantes orgánicas. Es evidente que tiene que haber una relación directísima que todavía no hemos aprendido a conocer. Las variaciones que se establecen han de ser por equilibrio, de tal forma que cuando nosotros nos encontremos con unas cifras de glucosa en sangre, por ejemplo, de 1,10, tiene que llevar a unas alteraciones en otras cifras que

han de corresponder justamente a ésta de 1,10. Realmente, las cifras analíticas que encontramos en un enfermo no es que oscilen dentro de un amplio campo; decimos que es normal entre tal cifra y tal otra y nos ocupamos de más. Nos dan una cifra de glucemia, está dentro de esos límites no digamos que no existe la hiperglucemia, no hay hipoglucemia, el hombre no tiene un trastorno del metabolismo de los hidratos de carbono. Sin embargo, incluso en las pequeñas variaciones que se establecen dentro de esta normalidad, tiene que producirse como consecuencia del equilibrio perfecto que rige todo organismo, unas cifras del resto de las constantes orgánicas en consonancia

*El doctor don José Ignacio Blanco Cordero
nació en Medina de Rioseco, hace treinta y
siete años. Cursó la carrera de Medicina en
Madrid, doctorándose con la tesis "Ureasa
enmucosa gástrica", ante los profesores Matilla y Oliveros. Sus calificaciones universitarias fueron de sobresaliente cum laude.
Ha trabajado en la Facultad de Medicina
de Madrid, en el Servicio de Rehabilitación
y en el Hospital Provincial madrileño. Es
especialista en medicina interna y bioquímica. Ha estudiado en diferentes centros de
Bioquímica en Estados Unidos.*

Como anunciábamos la semana pasada, este capítulo de la
serie «Muertes y resurrección de un país» interrumpe el
viaje de nuestro colaborador Eliseo Bayo por la Península.
La noticia de que el doctor Blanco Cordero ha llegado a un
acuerdo con cierto laboratorio extranjero —después de intentar denodadamente quedarse en el país— encaja de
lleno en la serie. Una parte del país puede morir si alguno
de sus miembros más esforzados —que sostienen una dura
lucha intelectual— no encuentra caminos adecuados. Nues-

tro colaborador piensa que no debería existir riesgo en defender y comprobar cualquier aventura intelectual. Una
traba burocrática o un simple recelo puede eliminar ciertos nerviosismos y ciertos problemas «coyunturales». Lo
peor, y lo irreparable, es que puede obstruir un avance
constructivo. Cree que más vale arriesgarse a cometer el
«ridículo» e incluso a ser víctima de charlatanes —siempre acaban hundiéndose ellos mismos— que ser cómplices
de una muerte científica.

Hoy he tenido un mal sueño. Los malos sueños son aquellos que deforman la realidad hasta hacerla apetecible, y, al despertarnos, nos enfrentamos con el mundo de siempre, hosco, rutinario, torpe, manipulado por enanos. Cien veces mejor no haber despertado. Seguir vagando por la locura de las sombras, hablar y ser escuchado, pensar sin miedos, actuar sin recelos. Abrir los cajones bien ordenados de la lógica. No temer ataques por sorpresa. Acomodarse a lo que es bueno. Digerir las cosas sin que el estómago se convierta en monitor de calamidades. La verdadera historia de la Humanidad se narra en los sueños, donde se construyen los mundos invisibles y se destrozan los enemigos. Durante varios días de agosto estuve al lado del doctor Blanco Cordero en Zaragoza y fui testigo de sus peores horas. Parecía convertido en el enemigo público número uno. Apenas se dejaba ver en la calle y llegó a desaparecer de su domicilio. Varias veces estuvo a punto de indicarme dónde vivía y no se lo permití. Zaragoza, por unas semanas, se había transformado en un centro de conspiración. Desde Brasil, desde Alemania y desde Francia se habían trasladado agentes de laboratorios para ganarse la firma del doctor. Para nadie era un secreto que la fórmula del doctor Blanco escondía más valor, de ser cierta, que una mina de oro. Un sencillo ejemplo. En los Estados Unidos existen cuarenta millones de cancerosos y precancerosos. Cuarenta millones de frascos vendidos diariamente. Multiplicados por todos los enfermos del mundo, la famosa droga anticancerosa se convertía en el negocio más fabuloso de los últimos años. A nivel científico, el descubrimiento del fármaco —y sobre todo, la investigación sobre las causas del cáncer—colocaba al doctor Blanco entre las figuras más importantes de la historia de la Medicina. Demasiado estrepitoso para no levantar tempestades. Por otra parte, el conocimiento de que en Zaragoza existía un médico capaz de curar la más terrible de las enfermedades habría producido peregrinaciones en masa. No había ningún laboratorio preparado para acallar las inquietudes de millones de solicitantes. ¿Era conveniente lanzar la noticia más sensacional del verano y del siglo? Muchos intereses que podían tambalearse con el descubrimiento del doctor Blanco se conjuraron en su contra. El hombre que yo vi durante unos días era un ser despellejado, huidizo, hundido, incapaz de soportar sobre sus hombros tanta responsabilidad y tanta lucha sorda. Confabulaciones, maniobras, tanteos, zancadillas, deseo de aprovecharse de la situación, tejieron una terrible tela en torno del doctor. Ya no podía discernir los amigos de los enemigos, los fieles de los aprovechados. El fármaco, que tantos buenos resultados había dado en principio, apareció de pronto desprovisto de sus mejores cualidades y el doctor Blanco hubo de prohibir su fabricación. Los enfermos empezaban a alarmarse. Era una situación crítica.

El doctor Blanco Cordero tenía que demostrar siempre, aquí y ahora, el éxito. Responder a las exigencias del genio —es decir, acertar, descubrir la sombra inconcreta de las cosas, superarse por encima de millones de contemporáneos, romper el calendario, iniciar un nuevo período de la historia de la ciencia— y, al mismo tiempo, acomodarse a las servidumbres de los "normales". Al hombre de ciencia, al descubridor, se le exige siempre mucho más. No hay piedad para él. Se intenta su destrucción y, si fracasa, escuchará el coro de los voceadores. Si triunfa... Bueno, si triunfa estará ya demasiado cansado. Y no es eso lo peor. Lo peor está en el paréntesis de silencio y de lucha. El cansancio justificado puede desmoronar para siempre un hallazgo. Infinitos Mozart asesinados. Cuando uno elige la verdad, debe saber que se convierte en enemigo de los que no quieren la verdad científica. Ha de temer por su vida. Y más, ha de temer por su fracaso, porque éste vuelve a sepultar en la oscuridad a millones de seres.

Desde hace quince días he andado detrás del doctor Blanco. Desde que leí en la prensa la noticia de su compromiso firmado con un laboratorio extranjero. Me ha sido imposible localizarlo. En mi mal sueño de hace unas horas me he sentido tentado a creer que el doctor Blanco no ha existido, que nunca hablé con él. Guardo las cintas magnetofónicas en las que se narra una historia de un hombre pequeño, sudoroso, aplicado, terriblemente fatigado, que cometió el error de decir que había conseguido un gran hallazgo. Nadie le creyó, salvo sus enfermos. Después, he soñado que han pasado veinte, treinta años y que, viejo yo, he acudido a un aeropuerto de nuestro país donde se habían congregado millares de compatriotas para dar la bienvenida a un hombrecito canoso, tallado en puro nervio, que en perfecto alemán agradecía nuestra gentileza al invitarle a dar una conferencia en un club privado de la capital. La pesadilla continúa al recordar esta entrevista, que no fue publicada en su día.

LO PERFECTO NO EXISTE EN LA VIDA ORGÁNICA

«HASTA hace algunos años, se pensaba que únicamente existían dos estados: el del hombre sano y del hombre enfermo. En la actualidad no se establece un límite preciso entre salud y enfermedad. Hay un estado de mayor o menor salud, con unas oscilaciones que entran en un marco que llamamos normal. El concepto es mucho más claro, mucho más firme: efectivamente, todas las variaciones influyen sobre el ser humano hasta tal punto que en el caso de las constantes, si nos referimos a las constantes del cuerpo humano, no podremos decir que lo normal es que tenga un gramo de glucosa en sangre, por ejemplo. Siempre se establecen unas diferencias entre 0,90 y 1,20, en este caso. Pero, no solamente ocurre con la glucosa, sino con todas las constantes orgánicas. Es evidente que tiene que haber una relación directísima que todavía no hemos aprendido a conocer. Las variaciones que se establecen han de ser por equilibrio, de tal forma que cuando nosotros nos encontremos con unas cifras de glucosa en sangre, por ejemplo, de 1,10, tiene que llevar a unas alteraciones en otras cifras que han de corresponder justamente a ésta de 1,10. Realmente, las cifras analíticas que encontramos en un enfermo no es que oscilen dentro de un amplio campo; decimos que es normal entre tal cifra y tal otra y no nos ocupamos de más. Nos dan una cifra de glucemia, está dentro de esos límites y decimos que no existe la hiperglucemia, no hay hipoglucemia, el hombre no tiene un trastorno del metabolismo de los hidratos de carbono. Sin embargo, incluso en las pequeñas variaciones que se establecen dentro de esta normalidad, tiene que producirse como consecuencia del equilibrio perfecto que rige todo organismo, unas cifras del resto de las constantes orgánicas en consonancia

De hecho, en un fragmento de este reportaje titulado "LA INTUICIÓN", el Doctor Blanco Cordero manifestó su opinión sobre el método científico y el importante papel de la intuición en todo el camino de descubrimiento, ya no solo para la ciencia, sino para cualquier aspecto de la vida. Don Ignacio Blanco cuenta lo siguiente:

"Pocas cosas han avanzado desde entonces. En realidad, se han afinado un poquito más. Por ejemplo, siempre digo que, a nivel del sistema nervioso, después de Ramón y Cajal no se ha hecho prácticamente nada. Se ha perfilado un poquito más. El instrumento científico moderno ha ayudado a afinar lo que Santiago Ramón y Cajal ya había dicho.

Yo creo que la intuición solo puede servir para elegir el camino y no para descubrir nada realmente. Puedo intuir que debo comenzar en un punto determinado. A partir de ahí, he de empezar a fabricar todo lo que viene detrás. Todos los científicos a lo largo de la historia han logrado violentar la ciencia, descubrir algo totalmente nuevo, han conseguido formular científicamente sus hallazgos. La intuición sirve para descubrir el principio del camino. Muchas veces se ha partido de un hecho falso y se ha encontrado uno cierto. ¿Por qué me fijé yo en la célula? Responderlo significaría trazar toda mi biografía intelectual.

La célula es la unidad fndamental de que constan los seres vivos. Aunque todas van en favor del grupo, tienen una función independiente. Cuando una se desarticula, todas las demás tratan de compensar el defecto; por lo cual, al final, no resulta un trastorno de célula, sino un trastorno de tejido. Por ahí se pueden explicar muchos hechos que ahora resultan extraños. Lo que tendría que añadir ahora resulta de una tal barbaridad científica actual que prefiero mantener el silencio hasta presentar las pruebas".

Cuando su fama estaba fraguándose fue contratado por los Laboratorios Ulta para trabajar en bioquímica con enzimas y proteínas. El Doctor Blanco dejó claro que su prioridad era perfeccionar su medicina. Y, a priori se le permitió, se le afirmó que se le prepararían las condiciones. 6 meses después las cosas estaban como al comienzo, así que descontento amenaza con abandonar el laboratorio. Por lo que la respuesta de los Laboratorios Ulta fue proporcionarle algunos medios rudimentarios.

Pero la investigación sobre el cáncer no entraba en los planes del laboratorio, y empezaron a suceder cosas extrañas. Con los escasos medios que le proporcionaron consiguió un éxito de la medicina del 66%. Más que suficiente para una medicina en pruebas con muy limitados recursos. Ante el desinterés, abandona los laboratorios totalmente decepcionado alegando que estaba perdiendo el tiempo. Así que se va a trabajar solo a un despacho en la calle Tenor Fleta.

Hasta que llegó el cúlmen de su carrera, la más productiva y fructífera pero, a su vez, también es cuando realmente se acentuó aún más la locura y cobró vida propia.

Consiguió un despacho y sala de tratamientos en la Cruz Roja de Zaragoza, mano a mano con su entonces coordinador Emilio Alfaro, con quien estrechó un fuerte vínculo de trabajo y confianza comenzaron a trabajar. Emilio totalmente sorprendido y admirado por la medicina y los resultados, escribió varios reportajes para la revista "Tribuna Médica" detallando los resultados.

Meses más tarde, el señor Fernando Cuenca Villoro, Director de los Laboratorios Ulta donde el Doctor Blanco había trabajado, despotricó en prensa sobre el Doctor, poniendo en juicio la dudosa actitud del Doctor Blanco. Inmediatamente fué querellado por Emilio Alfaro, que salió en defensa de Ignacio como si de un perro de presa se tratara. Luego detallaré el paso del Doctor Blanco por los Laboratorios Ulta y el totalmente deslucido sistema de trabajo de estos laboratorios.

Expongo aquí las palabras literales de Emilio Alfaro sobre los estudios que estaba realizando junto con el doctor Blanco en la prestigiosa revista médica "Tribuna Médica":

"Para especificar, pues, lo que estamos observando en el Hospital de la Cruz Roja de Zaragoza, cabe hablar de los efectos inmediatos del producto del doctor Blanco:
- **Dolor:** En aquellos pacientes cuya principal queja a su ingreso era el dolor, éste remite en los tres o cuatro primeros días, en una proporción del 1,5 por 3. La analgesia obtenida es natural, sin

obnubilación ni trastornos de conciencia o hipersomnia. (A continuación explica varios casos espectaculares.)

- **Prurito (picor):** En los casos tratados por mí, desapareció casi de inmadiato la terrible desazón que acompaña a ciertos tipos de tumores, especialmente genitales.

- **Hemorragia:** En mis pacientes ginecológicas he observado la detención de toda hemorragia, que en los casos de carcinoma de Cervix y de endometrio constituía el síntoma más neto.

- **Tumoración:** Los lectores profesionales de la medicina conocen muy bien del canceroso terminal. (Lo que dice a continuación el doctor Alfaro será de sumo interés para profesionales.)

Cuando en un enfermo se han agotado los recursos de la cirugía, de la radiumterapia, de la rontgenterapia, de la telecobaltoterapia, del uso del betatrón, de la quimioterapia... ¿qué queda de su organismo? Nos encontramos ante seres humanos desesperados, al borde de la caquexia, anoréxicos, sometidos a la acción de analgésicos cada vez más potentes y menos eficaces. En los casos en que la cirugía -sobre todo abdominal- nada ha conseguido, el tamaño del tumor primitivo es ya imposible de medir, porque abarca toda clase de estructuras, de órganos y tejidos. Las metástasis aparecen por doquier, y cuando afectan al tejido óseo, ocasionan impotencias locomotoras, fracturas súbitas y parálisis por destrucción de tejido nervioso. La mayor parte de los pacientes sometidos a tratamiento se encuentran en esa situación.

A los cuarenta días de tratamiento con el producto del doctor Blanco, el doctor Soler Montero, jefe de los servicios de cirugía del Hospital de la Cruz Roja de Zaragoza, ha comprobado, en el caso de don C.G., una considerable reducción del tamaño aparente de ambas tumoraciones digestivas: la primitiva y la metastática. Por mi parte, a los dieciséis días de aplicación del producto en la paciente con carcinoma de Cervix he advertido una evidente retractación de la eflorescencia carcinomatosa que protuía en vagina y un notable cambio de coloración de aquella, en claro mimetismo de las mucosas normales adyacentes. Esta enferma, de cuarenta y siete años, sangraba continuamente desde prncipios de 1971 (Retazo escrito el 6 de octubre de 1973).

A los pocos días de aplicación del producto del doctor Blanco dejó de sangrar, y por primera vez en dos años y medio he podido identificar una menstruación normal con sus tres días y medio de pérdida catamenial habituales. Ha aumentado cinco kilogramos de peso y está en condiciones generales de llevar una vida prácticamente normal.

El doctor Soler Montero laparotomizó (abrió) a una paciente que, diagnosticada por clínica como un caso de neoplasia maligna digestiva, carecía de biopsia.

Se le había aplicado previamente una tanda de inyecciones intramusculares del producto del doctor Blanco Cordero. Abierta la cavidad abdominal, en sesión quirúrgica a la cual asistí, el doctor Soler Montero comprobó la existencia de una enorme masa tumoral, cuyo origen era la curvadura mayor del estómago, y que invadía los órganos vecinos en una extensión inextirpable.

Un hecho llamó nuestra atención: la coloración de la masa tumoral, diferente al tono ominoso habitual de las neoplasias de observación tan frecuente, y la existencia de una formación insólita, que podría dfenirse como una especie de finísima película, que recubría toda la superficie tumoral. El doctor Soler Montero tomó varias muestras para su estudio histológico, extirpó una brida que adhería la masa a la pared y cerró en un solo plano el abdomen. La paciente, quince días después de la intervención, se alimenta normalmente -cuando antes sólo admitía líquidos y pures- y está pidiendo su alta con insistencia. Diagnóstico anatomopatológico: carcinoma primitivo de estómago.

- **Estado general:** La mejoría del estado general es un hecho incuestionable en cuatro quintas partes de los pacientes. Casi sin excepción, a la semana de someterse a tratamiento, el tono vital del enfermo se ha reforzado considerablemente. Es curioso el brusco descenso de la velocidad de sedimentación, que permanece con íncide de Katz casi normal durante unos días, para elevarse después, aunque hasta cifras inferiores a las del momento del ingreso. No se observa disminución de leucocitos. Aumentan las proteínas totales y el proteinograma se aproxima al fisiológico.

- **CONCLUSIÓN: En los efectos inmediatos del producto del doctor Blanco he visto con claridad fenómenos positivos nunca observados con quimioterápico alguno."**

Al final de este artículo, Eliseo Bayo da un mensaje de esperanza, de apoyo y de ánimo, plasma así sus sentimientos cerrando este reportaje de octubre de 1973. Aunque por desgracia, hoy solo sabemos que este texto quedó en un bonito artículo con la intención más humana y cercana del escritor:

"El doctor Blanco se niega, por el momento, a salir de España y sigue insistiendo en la necesidad de que sea nuestro país el que se gane el prestigio mundial del descubrimiento. Detrás de la noticia se esconden hechos bochornosos, que merecerán tratamiento periodístico un día no muy lejano. Por el momento, la prudencia más elemental nos impide seguir informando. Sabemos que el doctor Blanco no se ha marchado de España todavía y que sigue luchando por demostrar la realidad de sus investigaciones. Estas horas son, probablemente, lasde mayor responsabilidad y dureza por las que ha atravesado. Está trabajando contra el reloj, contra el tiempo, y siempre contra incomprensión de los que se resisten a admitir la evidencia. No creo que sus pasos sean perdidos. En la sombra, en el insomnio y en la soledad, el doctor Blanco seguirá dando pasos seguros. Pasos ganados."

DOCTOR BLANCO

En defensa del doctor Blanco

La etapa del doctor Blanco en Zaragoza es una de las más decisivas en su vida. Llegó a la ciudad llamado por un laboratorio para trabajar como bioquímico, fundamentalmente en proteínas. El doctor Blanco instaló en el carácter prioritario de sus investigaciones, y el laboratorio le prometió que podía dedicarse plenamente a ellas. Llegaron al acuerdo de que mientras se prepararan las condiciones para realizarlas, trabajaría en el campo de las proteínas. Seis meses después, las cosas estaban como al comienzo. Ante la ausencia de inconstancia, los dirigentes del laboratorio se apresuraron a facilitarle algunos medios rudimentarios.

Pero la investigación sobre el cáncer no se entraba en los planes del laboratorio y empezaron a suceder las estúpidas. A pesar de las condiciones adversas, consiguió una curación total en el 55 por 100 de los casos experimentados en animales. Terminado este trabajo, y ante el desinterés del laboratorio, se despide.

Durante este período, el doctor Blanco trató a varios enfermos de Zaragoza, con resultados positivos. Esta evidencia y la acción decisiva de Blanca Mar —directora del Instituto Hispanoamericano— le dan la oportunidad de realizar experiencias en centros oficiales y en personas. La guerra sorda vuelve a recrudecerse. Encuentra feroces resistencias y maniobras turbias, que pueden hacer peligrar su trabajo. De nuevo, el profano, el hombre de la calle, el espíritu neutral, vuelve a asombrarse por el hecho de que se torpedee una experiencia. ¿A dónde habría conducido? El doctor Emilio Alfaro le sintetiza así, en una publicación científica («Tribuna Médica»): «Para especificar, pues, lo que estamos observando en el Hospital de la Cruz Roja de Zaragoza, cabe hablar de los efectos inmediatos del producto del doctor Blanco:

Dolor: En aquellos pacientes cuya principal queja a su ingreso era el dolor, éste remite en los tres o cuatro primeros días, en una proporción del 1,5 por 3. La analgesia obtenida es natural, sin obnubilación ni trastornos de conciencia o hipersomnia. (Explica varios casos espectaculares.)

Prurito (picor): En los casos tratados por mí, desapareció casi de inmediato la terrible desazón que acompaña a ciertos tipos de tumores, especialmente genitales.

Hemorragia: En mis pacientes ginecológicas he observado la detención de toda hemorragia, que en los casos de carcinoma de Cérvix y de endometrio constituía el síntoma más neto.

Tumoración: Los lectores profesionales de la medicina conocen muy bien

la situación del canceroso terminal. (Lo que dice a continuación el doctor Alfaro será de sumo interés para los profesionales. Por eso nos permitimos transcribir todo el párrafo.) Cuando es un enfermo se han agotado los recursos de la cirugía, de la radioterapia, de la rontgenterapia, de la telecobaltoterapia, del uso del betatrón, de la quimioterapia... ¿qué queda de su organismo? Nos encontramos ante seres humanos desesperados, al borde de la caquexia, anoréxicos, sometidos a la acción de analgésicos cada vez más potentes y menos eficaces. En los casos en que la cirugía —sobre todo abdominal— nada ha conseguido, el tamaño del tumor primitivo es ya imposible de medir, porque abarca toda clase de estructuras, de órganos y tejidos. Las metástasis aparecen por doquier, y cuando afectan al tejido óseo, ocasionan impotencias locomotoras, fracturas súbitas y parálisis por destrucción de tejido nervioso. La mayor parte de los pacientes sometidos a tratamiento se encuentran en esa situación.

A los cuarenta días de tratamiento con el producto del doctor Blanco, el doctor Soler Montero, jefe de los servicios de cirugía del Hospital de la Cruz Roja de Zaragoza, ha comprobado, en el caso de don C. G., una considerable reducción del tamaño aparente de ambas tumoraciones digestivas: la primitiva y la me-

tastósica. Por mi parte, a los dieciséis días de aplicación del producto en la paciente con carcinoma de Cérvix he advertido una evidente retracción de la efloriscencia carcinomatosa que protuía en vagina y un notable cambio de coloración de aquélla, su claro sintomático de la mucosa normales adyacentes. Esta enferma, de cuarenta y siete años, sangraba continuamente desde principios de 1971. A los pocos días de aplicación del producto del doctor Blanco dejó de sangrar, y por primera vez en dos años y medio he podido identificar una menstruación normal con sus tres días y medio de pérdida catamenial habituales. Ha aumentado cinco kilogramos de peso y está en condiciones generales de llevar una vida prácticamente normal.

El doctor Soler Montero laparotomizó (abrió) a una paciente que, diagnosticada por clínica como un caso de neoplasia maligna digestiva, carecía de biopsia. Se le había aplicado previamente una tanda de inyecciones intramusculares del producto del doctor Blanco Cordero. Abierta la cavidad abdominal, en sesión quirúrgica a la cual asistí, el doctor Soler Montero comprobó la existencia de una enorme masa tumoral, cuyo origen era la curvadura mayor del estómago, y que invadía los órganos vecinos en una extensión inextirpable. Un hecho llamó nuestra atención: la coloración de la masa tumoral, diferente al tono ominoso habitual de las neoplasias de observación tan frecuente, y la existencia de una formación insólita, que podría definirse como una especie de finísima película, que recubría toda la superficie tumoral. El doctor Soler Montero tomó varias muestras para su estudio histológico, extirpó una brida que adhería la masa a la pared y cerró en un solo plano el abdomen. La paciente, quince días después de la intervención, se alimenta normalmente —cuando antes sólo admitía líquidos y purés— y está pidiendo su alta con insistencia. Diagnóstico anatomopatológico: carcinoma primitivo de estómago.

Estado general: La mejoría del estado general es un hecho incuestionable en cuatro quintas partes de los pacientes. Casi sin excepción, a la semana de someterse a tratamiento, el tono vital del enfermo se ha reforzado considerablemente. Es curioso el brusco descenso de la velocidad de sedimentación, que permanece con índice de Katz casi normal durante unos días, para elevarse después, aunque hasta cifras inferiores a las del momento inicial. No se observa disminución de leucocitos. Aumentan las proteínas totales y el proteinograma se aproxima al fisiológico.

Conclusión: En los efectos inmediatos del producto del doctor Blanco he visto con claridad fenómenos positivos nunca observados con quimioterápico alguno».

Abstenciones insólitas

Rotas las posibilidades de administrar el producto en diversos organis-

mos oficiales, y ante la inquietud general de seguir fabricándolo en casa, el doctor Blanco entró en contacto con el laboratorio Casen, de Zaragoza, dirigido por don Pedro Luis Roncalés. Fue un contrato y entregó el método y la experiencia de la obtención del producto. Era la primera vez que se consería. Vuelve otra vez a la fase experimental en animales, y se preparan los requisitos para solicitar el permiso de experimentación clínica ante la Dirección General de Sanidad. En abril de 1973 se concede a favor de la denominación I. Cf. JE +19. Con el permiso logrado, se realizan pruebas clínicas en seis centros de Zaragoza: Facultad de Medicina, Sanatorio Royo Villanova, Clínica Montpellier, Clínica San Juan de Dios, Clínica Quirón y Hospital de la Cruz Roja. Dos centros más, el Centro Regional de Oncología y la Residencia 18 de Julio, solicitan la realización de pruebas, pero no las efectúan. Ambos centros están ligados a través de uno de los médicos del Centro se realizan pruebas en más de ciento treinta enfermos, con los resultados que ha indicado el doctor Emilio Alfaro. Se tiene constancia de que existen otras comprobaciones positivas, que no han sido publicadas hasta el momento.

Quiere seguir en España

La noticia trascendió a todo el país, y Zaragoza se convirtió en el centro de las esperanzas de millares de enfermos. A partir de entonces, la obsesa del doctor Blanco cobra su aspecto más dramático. En agosto de este año se descubre que el medicamento distribuido por el laboratorio Casen no produce los mismos resultados que los obtenidos por el doctor Blanco. Este hecho ha sido denunciado por el doctor Alfaro en «Tribuna Médica». El doctor Blanco solicita un requerimiento notarial y pide que se retire la droga. Por otra parte, la noticia ha merecido el interés de varios laboratorios extranjeros, que envían representantes a negociar con el doctor Blanco.

Este se niega, por el momento, a salir de España y sigue insistiendo en la necesidad de que sea nuestro país el que se gane el prestigio mundial del descubrimiento. Detrás de la noticia se esconden hechos bochornosos, que merecerán tratamiento periodístico un día no muy lejano. Por el momento, la prudencia más elemental nos impide seguir informando. Sabemos que el doctor Blanco no se ha marchado de España todavía y que sigue luchando por demostrar la realidad de sus investigaciones. Estas horas son, probablemente, las de mayor responsabilidad y dureza por las que ha atravesado. Está trabajando contra el reloj, contra el tiempo, y siempre contra la incomprensión de los que se resisten a admitir la evidencia. No creo que sus pasos sean perdidos. En la sombra, en el insomnio y la soledad, el doctor Blanco seguirá dando pasos seguros. Pasos ganados. ■ E. B.

En defensa
del doctor Blanco

La etapa del doctor Blanco en Zaragoza es una de las más decisivas en su vida. Llegó a la ciudad llamado por un laboratorio para trabajar como bioquímico, fundamentalmente en proteínas. El doctor Blanco insistió en el carácter prioritario de sus investigaciones, y el laboratorio le prometió que podría dedicarse plenamente a ellas. Llegaron al acuerdo de que mientras le preparaban las condiciones para realizarlas, trabajaría en el campo de las proteínas. Seis meses después, las cosas estaban como al comienzo. Ante la amenaza de marcharse, los dirigentes del laboratorio se apresuraron a facilitarle algunos medios rudimentarios.

Pero la investigación sobre el cáncer no entraba en los planes del laboratorio, y empezaron a suceder cosas extrañas. A pesar de las condiciones adversas, consiguió una curación total en el 66 por 100 de los casos experimentados en animales. Terminado este trabajo, y ante el desinterés del laboratorio, se despide.

Durante este período, el doctor Blanco trató a varios enfermos de Zaragoza, con resultados positivos. Esta evidencia y la acción decisiva de Blanca Mar —directora del Instituto Hispanoamericano— le dan la oportunidad de realizar experiencias en centros oficiales y en personas. La guerra sorda vuelve a recrudecerse. Encuentra feroces resistencias y maniobras turbias, que pueden hacer peligrar su trabajo. De nuevo, el profano, el hombre de la calle, el espíritu neutral, vuelve a asombrarse por el hecho de que se torpedee una experiencia. ¿A dónde había conducido? El doctor Emilio Alfaro la sintetiza así, en una publicación científica («Tribuna Médica»): «Para especificar, pues, lo que estamos observando en el Hospital de la Cruz Roja de Zaragoza, cabe hablar de los efectos inmediatos del producto del doctor Blanco:

Dolor: En aquellos pacientes cuya principal queja a su ingreso era el dolor, éste remite en los tres o cuatro primeros días, en una proporción del 1,5 por 3. La analgesia obtenida es natural, sin obnubilación ni trastornos de conciencia o hipersomnia. (Explica varios casos espectaculares.)

Prurito (picor): En los casos tratados por mí, desapareció casi de inmediato la terrible desazón que acompaña a ciertos tipos de tumores, especialmente genitales.

Hemorragia: En mis pacientes ginecológicas he observado la detención de toda hemorragia, que en los casos de carcinoma de Cervix y de endometrio constituía el síntoma más neto.

Tumoración: Los lectores profesionales de la medicina conocen muy bien

12

la situación del canceroso terminal. (Lo que dice a continuación el doctor Alfaro será de sumo interés para los profesionales. Por eso nos permitimos transcribir todo el párrafo.) Cuando en un enfermo se han agotado los recursos de la cirugía, de la radiumterapia, de la rontgenterapia, de la telecobaltoterapia, del uso del betatrón, de la quimioterapia... ¿qué queda de su organismo? Nos encontramos ante seres humanos desesperados, al borde de la caquexia, anoréxicos, sometidos a la acción de analgésicos cada vez más potentes y menos eficaces. En los casos en que la cirugía —sobre todo abdominal— nada ha conseguido, el tamaño del tumor primitivo es ya imposible de medir, porque abarca toda clase de estructuras, de órganos y tejidos. Las metástasis aparecen por doquier, y cuando afectan al tejido óseo, ocasionan impotencias locomotoras, fracturas súbitas y parálisis por destrucción de tejido nervioso. La mayor parte de los pacientes sometidos a tratamiento se encuentran en esa situación.

A los cuarenta días de tratamiento con el producto del doctor Blanco, el doctor Soler Montero, jefe de los servicios de cirugía del Hospital de la Cruz Roja de Zaragoza, ha comprobado, en el caso de don C. G., una considerable reducción del tamaño aparente de ambas tumoraciones digestivas: la primitiva y la me-

tastática. Por mi parte, a los dieciséis días de aplicación del producto en la paciente con carcinoma de Cervix he advertido una evidente retracción de la eflorescencia carcinomatosa que protuía en vagina y un notable cambio de coloración de aquélla, en claro mimetismo de las mucosas normales adyacentes. Esta enferma, de cuarenta y siete años, sangraba continuamente desde principios de 1971. A los pocos días de aplicación del producto del doctor Blanco dejó de sangrar, y por primera vez en dos años y medio he podido identificar una menstruación normal con sus tres días y medio de pérdida catamenial habituales. Ha aumentado cinco kilogramos de peso y está en condiciones generales de llevar una vida prácticamente normal.

El doctor Soler Montero laparotomizó (abrió) a una paciente que, diagnosticada por clínica como un caso de neoplasia maligna digestiva, carecía de biopsia. Se le había aplicado previamente una tanda de inyecciones intramusculares del producto del doctor Blanco Cordero. Abierta la cavidad abdominal, en sesión quirúrgica a la cual asistí, el doctor Soler Montero comprobó la existencia de una enorme masa tumoral, cuyo origen era la curvadura mayor del estómago, y que invadía los órganos vecinos en una extensión inextirpable. Un hecho llamó nuestra atención: la coloración de la masa tumoral, diferente al tono ominoso habitual de las neoplasias de observación tan frecuente, y la existencia de una formación insólita, que podría definirse como una especie de finísima película, que recubría toda la superficie tumoral. El doctor Soler Montero tomó varias muestras para su estudio histológico, extirpó una brida que adhería la masa a la pared y cerró en un solo plano el abdomen. La paciente, quince días después de la intervención, se alimenta normalmente —cuando antes sólo admitía líquidos y purés— y está pidiendo su alta con insistencia. Diagnóstico anatomopatológico: carcinoma primitivo de estómago.

Estado general: La mejoría del estado general es un hecho incuestionable en cuatro quintas partes de los pacientes. Casi sin excepción, a la semana de someterse a tratamiento, el tono vital del enfermo se ha reforzado considerablemente. Es curioso el brusco descenso de la velocidad de sedimentación, que permanece con índice de Katz casi normal durante unos días, para elevarse después, aunque hasta cifras inferiores a las del momento del ingreso. No se observa disminución de leucocitos. Aumentan las proteínas totales y el proteinograma se aproxima al fisiológico.

Conclusión: En los efectos inmediatos del producto del doctor Blanco he visto con claridad fenómenos positivos nunca observados con quimioterápico alguno».

Abstenciones insólitas

Rotas las posibilidades de administrar el producto en diversos organis-

mos oficiales, y ante la ingente tarea de seguir fabricándolo en su casa, el doctor Blanco entró en contacto con el laboratorio Casen, de
Zaragoza, dirigido por don Pedro Luis
Roncalés. Firmó un contrato y entregó el método y la experiencia de la
obtención del producto. Era la primera vez que se conocía. Vuelve
otra vez a la fase experimental en
animales, y se preparan los requisitos para solicitar el permiso de experimentación clínica ante la Dirección General de Sanidad. En abril
de 1973 se concede a favor de la
denominación L. CE. BE. 119. Con el
permiso logrado, se realizan pruebas
clínicas en seis centros de Zaragoza:
Facultad de Medicina, Sanatorio Royo Villanova, Clínica Montpellier, Clínica San Juan de Dios, Clínica Quirón y Hospital de la Cruz Roja. Dos
centros más, el Centro Regional de
Oncología y la Residencia 18 de Julio, solicitan la realización de pruebas, pero no las efectúan. Ambos
centros están ligados a través de
uno de los médicos del Centro. Se
realizan pruebas en más de ciento
treinta enfermos, con los resultados
que ha indicado el doctor Emilio Alfaro. Se tiene constancia de que
existen otras comprobaciones positivas, que no han sido publicadas hasta el momento.

Quiere seguir en España

La noticia trascendió a todo el país, y Zaragoza se convirtió en el centro de las esperanzas de millares de enfermos. A partir de entonces, la odisea del doctor Blanco cobra su aspecto más dramático. En agosto de este año se descubre que el medicamento distribuido por el laboratorio Casen no produce los mismos resultados que los obtenidos por el doctor Blanco. Este hecho ha sido denunciado por el doctor Alfaro en «Tribuna Médica». El doctor Blanco solicita un requerimiento notarial y pide que se retire la droga. Por otra parte, la noticia ha merecido el interés de varios laboratorios extranjeros, que envían representantes a negociar con el doctor Blanco.

Este se niega, por el momento, a salir de España y sigue insistiendo en la necesidad de que sea nuestro país el que se gane el prestigio mundial del descubrimiento. Detrás de la noticia se esconden hechos bochornosos, que merecerán tratamiento periodístico un día no muy lejano. Por el momento, la prudencia más elemental nos impide seguir informando. Sabemos que el doctor Blanco no se ha marchado de España todavía y que sigue luchando por demostrar la realidad de sus investigaciones. Estas horas son, probablemente, las de mayor responsabilidad y dureza por las que ha atravesado. Está trabajando contra el reloj, contra el tiempo, y siempre contra la incomprensión de los que se resisten a admitir la evidencia. No creo que sus pasos sean perdidos. En la sombra, en el insomnio y en la soledad, el doctor Blanco seguirá dando pasos seguros. Pasos ganados. ■ E. B.

Y es que el Doctor tenía algo muy claro, en cada descubrimiento lo primero que hay que tener en cuenta es la raíz, el funcionamiento principal del objeto de estudio, en este caso la célula. Para entender cómo funciona todo el circuito celular, cuando funciona correctamente como cuando no, hay que perfilar las variantes, explicado en este apartado, donde detalla el origen del cáncer antes de su expansión y las incongruencias dentro de las explicaciones y el tratamiento hasta aquel año, 1973, y que no dista mucho del procedimiento actual, aunque hoy mejorado, muy lejos aún de ser el tratamiento más efectivo:

"Por ejemplo, a propósito del cáncer, se habla de que hay un tumor en una región determinada. Este tumor crece, se desarrolla, se diagnostica y se trata. En el mejor de los casos, si el tratamiento es posible, se hace una exéresis quirúrgica; se extirpa el tumor y allí ha desaparecido teóricamente toda traza del mismo. El enfermo desarrolla una vida normal durante un período más o menos largo, y al cabo de ese tiempo, en una región muy alejada -por ejemplo, si ha sido un cáncer de mama-, puede aparecer en la columna vertebral una metástasis.

Se habla entonces de una metástasis. Y se dice que es como consecuencia de que una o un grupo de células de los tumores primitivos han sido transportados a través de la linfa o de la sangre, se han fijado en un determinado territorio y allí han vuelto a generar un nuevo tumor.
Contra esto se puede aducir, sencillamente, que la velocidad de reproducción de una célula cancerosa es tal que no permitiría la aparición de un tumor a gran distancio al cabo de tres, cuatro o cinco años, porque al cabo de ellos, dejando al tumor evolucionar espontáneamente, habría creado tal cantidad de células que podrían constituair un nuevo individuo total y completo. En cambio, lo primero que vemos, después de ese tiempo, es un tumorcito pequeño. ¿Qué es lo que pasó? ¿Que aquella célula primitiva ha sido capaz de resistir y de vivir en un estado latente durante tantísimos años? Me resisto a creerlo.

Sin embargo, si aquel trastorno originial que dio como consecuencia la primera lesión carcinomatosa produce un trastorno similar en el tejido de las mismas caracterísiticas histológicas que la lesión primitiva, no me extrañará nada que en un momento determinado, cualquera que ésta sea, aparezca una nueva lesión en otra zona donde haya tejido exactamente de las mismas caracterísiticas histológicas que la lesión primitiva. Entonces me explico una metástasis. Pero, desde luego, no por el camino con el que se explica actualmente".

con ésta. Sin ello no se entendería el equilibrio. No puede haber 1,20 de azúcar en sangre porque sí. Efectivamente, si yo hago un ejercicio violento y gasto un exceso de azúcar, es posible que disminuyan las cantidades; si llevo mucho tiempo sin comer nada, ya se conoce que se produce una hipoglucemia fisiológica. ¿Pero solamente es esta la manifestación? La manifestación tiene que ser múltiple y esta disminución de la cifra de glucosa tiene que ir aparejada al mismo tiempo con una disminución o aumento de otras cifras que aun dentro de la normalidad nos tendrían que servir en un futuro, cuando sepamos valorarlo exactamente, para discernir y conocer cuál es el estado metabólico del paciente. Creo que el estado metabólico, las continuas variaciones que están ocurriendo, condicionan el futuro del individuo. El futuro orgánico. Estas microvariaciones darán como consecuencia, primero, ligerísimas alteraciones que no tendrían ninguna valoración clínica, pero que harán que el individuo se muestre más deprimido, más cansado, más triste dentro de ese marco de normalidad. Nunca está en una situación standard, en la que podamos decir "esto es perfecto". Lo perfecto en vida orgánica no existe, porque no sería orgánica. Lo único que es estable y constante es lo inorgánico».

Hemos entrado en el tema sin preámbulos, sin presentaciones, como si realmente existiera la prisa de decir las cosas y decirlas urgentemente.

BIOLÓGICO Y NORMAL

«TODO tipo de emoción, el temor, la angustia y la alegría llevan aparejados cambios internos físico-químicos. Todos sabemos que cuando una persona recibe un susto, sufre una taquicardia. No es el susto la causa directa. Influye sobre el sistema nervioso que, a su vez, hace que el corazón vaya más de prisa, que la sangre se bombee con más fuerza y que, por tanto, todos los intercambios que se realizan se hagan más o menos de prisa dependiendo de esto. Hay una respuesta orgánica a nivel molecular, muy difícil de medir actualmente. No cabe duda de que es un insulto a la estabilidad celular que va a responder digamos que con una ligerísima inestabilidad y debe recurrir a otros mecanismos compensadores.

No podemos establecer qué es lo normal y qué es lo anormal, porque realmente se trata de una vida biológica que va caminando en función de lo que tiene. Todo lo que realiza es biológico y normal.

Estudiando el comportamiento de la célula podremos explicar qué es lo que ocurre en el resto. Empíricamente podremos darnos cuenta de que realmente tiene que haber unas condiciones básicas en las cuales el funcionamiento celular es perfecto. Toda variación, por más o por menos, tendrá que ir seguida, como consecuencia, de una alteración. De alguna forma, en los mecanismos, en la forma de vida, en la función, tal vez esta microvariación no sea susceptible de medida y no nos demos cuenta de ella. Entonces, teóricamente, aquella célula camina en el sentido que entendemos por normal. Pero, poco a poco, los microtraumatismos van alterando su propio fisiologismo para dar como consecuencia, al final, una de las múltiples alteraciones que conocemos como enferme-

dad. Pero no es una enfermedad. Y vuelvo al principio. No es una enfermedad en virtud de que es un estado biológico nuevo, como consecuencia de las alteraciones que han sufrido a lo largo de una etapa más o menos prolongada. Si estas alteraciones han sido muy violentas, lo que ocurre es que la célula se necrosa y muere».

¿Cuando tú estudiabas, qué conocimientos científicos de la célula se admitían?, le pregunto al doctor Blanco. Quiero saber de dónde ha partido, qué caminos podrá trazar.

LA INTUICIÓN

«POCAS cosas han avanzado desde entonces. En realidad, se han afinado un poquito más. Por ejemplo, siempre digo que, a nivel del sistema nervioso, después de Ramón y Cajal no se ha hecho prácticamente nada. Se ha perfilado un poquito más. El instrumento científico moderno ha ayudado a afinar lo que Santiago Ramón y Cajal ya había dicho.

Yo creo que la intuición sólo puede servir para elegir el camino y no para descubrir nada realmente. Puedo intuir que debo comenzar en un punto determinado. A partir de ahí, he de empezar a fabricar todo lo que viene detrás. Todos los científicos que a lo largo de la historia han logrado violentar la ciencia, descubrir algo totalmente nuevo, han conseguido formular científicamente sus hallazgos. La intuición sirve para descubrir el principio del camino. Muchas veces se ha partido de un hecho falso y se ha encontrado uno cierto. ¿Por qué me fijé yo en la célula? Respondiendo significaría trazar toda mi biografía intelectual. La célula es la unidad fundamental de que constan los seres vivos. Aunque todas van en favor del grupo, tienen una función independiente. Cuando una se desarrolla, todas las demás tratan de compensar el defecto; por lo cual, al final, no resulta un trastorno de célula, sino un trastorno de tejido. Por ahí se pueden explicar muchos hechos que ahora resultan extraños. Lo que tendría que añadir ahora resulta de una tal barbaridad científica actual que prefiero mantener el silencio hasta presentar las pruebas».

Pero hierven las calles en Zaragoza y hasta el tercer piso donde nos encontramos suben las vaharadas de la puerta abierta del infierno. Estamos comiendo lentamente, sin darnos cuenta siquiera de lo que ingerimos, y el doctor Blanco, guerrero al fin y al cabo, acosado, con las tremendas ojeras del insomnio, se entrega al sueño de las palabras. Nadie habrá de escucharlas y pertenecen a la confesión «in artículo mortis». Es bueno tener a alguien presto a escuchar.

DESDE LUEGO, NO POR EL CAMINO CONOCIDO

«POR ejemplo, a propósito del cáncer, se habla de que hay un tumor en una región determinada. Este tumor crece, se desarrolla, se diagnostica y se trata. En el mejor de los casos, si el tratamiento es posible, se hace una exéresis quirúrgica; se

extirpa el tumor y allí ha desaparecido teóricamente toda traza del mismo. El enfermo desarrolla una vida normal durante un período más o menos largo, y al cabo de ese tiempo, en una región muy alejada —por ejemplo, si ha sido un cáncer de mama—, puede aparecer en la columna vertebral una metástasis.

Se habla entonces de una metástasis. Y se dice que es como consecuencia de que una o un grupo de células de los tumores primitivos han sido transportados a través de la linfa o de la sangre, han fijado en un determinado territorio y allí han vuelto a generar un nuevo tumor.

Contra esto se puede aducir, sencillamente, que la velocidad de reproducción de una célula cancerosa es tal que no permitiría la aparición de un tumor a gran distancia al cabo de tres, cuatro o cinco años, porque al cabo de ellos, dejando al tumor evolucionar espontáneamente, habría creado tal cantidad de células que podrían constituir un nuevo individuo total y completo. En cambio, lo primero que vemos, después de ese tiempo, es un tumorcito pequeño. ¿Qué es lo que pasó? ¿Que aquella célula primitiva ha sido capaz de resistir y de vivir en un estado latente durante tantísimos años? Me resisto a creerlo. Sin embargo, si aquel trastorno original que dio como consecuencia la primera lesión carcinomatosa produce un trastorno similar en el tejido de las mismas características histológicas que la lesión primitiva, no me extrañará nada que en un momento determinado, cualquiera que ésta sea, aparezca una nueva lesión en otra zona donde haya tejido exactamente de las mismas características histológicas que la lesión primitiva. Entonces me explico una metástasis. Pero, desde luego, no por el camino con el que se explica actualmente».

La cinta magnetofónica registra un momento de silencio, levemente interrumpido por una risita. Metálica, casi fuera de lo humana. ¿A quién pertenece? ¿No está fuera del tiempo? ¿Más allá de nuestras preocupaciones anodinas? El doctor Blanco dice a continuación:

INCONGRUENCIAS DENTRO DE LAS EXPLICACIONES ACTUALES

«SÍ, es muy bonito. Muy curioso. Realmente curioso. A mí siempre me ha llamado la atención. Se habla de que en los períodos de gran evolución celular, una célula es capaz de dividirse en veinte, treinta, cuarenta minutos. Es una progresión geométrica. Imagínate el cabo de un año la cantidad de miles y millones de células que se pueden formar. No vamos a poner el período de mayor actividad. Vamos a imaginar que no se dividen en veinte minutos, sino tres días. Al cabo de ocho años, calcula la cantidad de células que allí se habrá formado. ¿Entonces, cómo no hay manifestaciones tumorales? Muchas veces hemos visto tumores diminutos que producen unos trastornos generales en el organismo de tal categoría que parece que el individuo debería ser prácticamente un tumor. Y, sin embargo, es un tumor diminuto. Otras veces hemos visto tumores gigantescos, que por no afectar a una zona importante del organismo mantienen al individuo en unas condiciones casi percon ésta. Sin ello no se entendería el equilibrio. No puede haber 1,20 de azúcar en sangre porque sí. Efectivamente, si yo hago un ejercicio violento y gasto un exceso de azúcar, es posible que disminuyan las cantidades; si llevo mucho tiempo sin comer nada, ya se conoce que se produce una hipoglucemia fisiológica. ¿Pero solamente es esta la manifestación? La manifestación tiene que ser múltiple y esta disminución de la cifra de glucosa tiene que ir aparejada al mismo tiempo con una disminución o aumento de otras cifras que aun dentro de la normalidad nos tendrían que servir en un futuro, cuando sepamos valorarlo exactamente, para discernir y conocer cuál es el estado metabólico del paciente. Creo que el estado metabólico, las continuas variaciones que están ocurriendo, condicionan el futuro del individuo. El futuro orgánico. Estas microvariaciones darán como consecuencia, primero, ligerísimas alteraciones que no tendrían ninguna valoración clínica, pero que harán que el individuo se muestre más deprimido, más cansado, más triste dentro de ese marco de normalidad. Nunca está en una situación standard, en la que podamos decir "esto es perfecto". Lo perfecto en vida orgánica no existe, porque no sería orgánica. Lo único que es estable y constante es lo inorgánico».

Hemos entrado en el tema sin preámbulos, sin presentaciones, como si realmente existiera la prisa de decir las cosas y decirlas urgentemente.

BIOLÓGICO Y NORMAL

«TODO tipo de emoción, el temor, la angustia y la alegría llevan aparejados cambios internos físico-químicos. Todos sabemos que cuando una persona recibe un susto, sufre una taquicardia. No es el susto la causa directa. Influye sobre el sistema nervioso que, a su vez, hace que el corazón vaya más de prisa, que la sangre se bombee con más fuerza y que, por tanto, todos los intercambios que se realizan se hagan más o menos de prisa dependiendo de esto. Hay una respuesta orgánica a nivel molecular, muy difícil de medir actualmente. No cabe duda de que es un insulto a la estabilidad celular que va a responder digamos que con una ligerísima inestabilidad y debe recurrir a otros mecanismos compensadores.

No podemos establecer qué es lo normal y qué es lo anormal, porque realmente se trata de una vida biológica que va caminando en función de lo que tiene. Todo lo que realiza es biológico y normal.

Estudiando el comportamiento de la célula podremos explicar qué es lo que ocurre en el resto. Empíricamente podremos darnos cuenta de que realmente tiene que haber unas condiciones básicas en las cuales el funcionamiento celular es perfecto. Toda variación, por más o por menos, tendrá que ir seguida, como consecuencia, de una alteración. De alguna forma, en los mecanismos, en la forma de vida, en la función, tal vez esta microvariación no sea susceptible de medida y no nos demos cuenta de ella. Entonces, teóricamente, aquella célula camina en el sentido que entendemos por normal. Pero, poco a poco, los microtraumatismos van alterando su propio fisiologismo para dar como consecuencia, al final, una de las múltiples alteraciones que conocemos como enfermedad. Pero no es una enfermedad. Y vuelvo al principio. No es una enfermedad en virtud de que es un estado biológico nuevo, como consecuencia de las alteraciones que han sufrido a lo largo de una etapa más o menos prolongada. Si estas alteraciones han sido muy violentas, lo que ocurre es que la célula se necrosa y muere».

¿Cuando tú estudiabas, qué conocimientos científicos de la célula se admitían?, le pregunto al doctor Blanco. Quiero saber de dónde ha partido, qué caminos podrá trazar.

LA INTUICIÓN

«POCAS cosas han avanzado desde entontes. En realidad, se han afinado un poquito más. Por ejemplo, siempre digo que, a nivel del sistema nervioso, después de Ramón y Cajal no se ha hecho prácticamente nada. Se ha perfilado un poquito más. El instrumento científico moderno ha ayudado a afinar lo que Santiago Ramón y Cajal ya había dicho.

Yo creo que la intuición sólo puede servir para elegir el camino y no para descubrir nada realmente. Puedo intuir que debo comenzar en un punto determinado. A partir de ahí, he de empezar a fabricar todo lo que viene detrás. Todos los científicos que a lo largo de la historia han logrado violentar la ciencia, descubrir algo totalmente nuevo, han conseguido formular científicamente sus hallazgos. La intuición sirve para descubrir el principio del camino. Muchas veces se ha partido de un hecho falso y se ha encontrado uno cierto. ¿Por qué me fijé yo en la célula? Responderlo significaría trazar toda mi biografía intelectual. La célula es la unidad fundamental de que constan los seres vivos. Aunque todas van en favor del grupo, tienen una función independiente. Cuando una se desarticula, todas las demás tratan de compensar el defecto; por lo cual, al final, no resulta un trastorno de célula, sino un trastorno de tejido. Por ahí se pueden explicar muchos hechos que ahora resultan extraños. Lo que tendría que añadir ahora resulta de una tal barbaridad científica actual que prefiero mantener el silencio hasta presentar las pruebas».

Pero hierven las calles en Zaragoza y hasta el tercer piso donde nos encontramos suben las vaharadas de la puerta abierta del infierno. Estamos comiendo lentamente, sin darnos cuenta siquiera de lo que ingerimos, y el doctor Blanco, guerrero al fin y al cabo, acosado, con las tremendas ojeras del insomnio, se entrega al sueño de las palabras. Nadie habrá de escucharlas y pertenecen a la confesión «in artículo mortis». Es bueno tener a alguien presto a escuchar.

DESDE LUEGO, NO POR EL CAMINO CONOCIDO

«POR ejemplo, a propósito del cáncer, se habla de que hay un tumor en una región determinada. Este tumor crece, se desarrolla, se diagnostica y se t r a t a. En el mejor de los casos, si el tratamiento es posible, se hace una exéresis quirúrgica; se extirpa el tumor y allí ha desaparecido teóricamente toda traza del mismo. El enfermo desarrolla una vida normal durante un período más o menos largo, y al cabo de ese tiempo, en una región muy alejada —por ejemplo, si ha sido un cáncer de mama—, puede aparecer en la columna vertebral una metástasis.

Se habla entonces de una metástasis. Y se dice que es como consecuencia de que una o un grupo de células de los tumores primitivos han sido transportados a través de la linfa o de la sangre, se han fijado en un determinado territorio y allí han vuelto a generar un nuevo tumor.

Contra esto se puede aducir, sencillamente, que la velocidad de reproducción de una célula cancerosa es tal que no permitiría la aparición de un tumor a gran distancia al cabo de tres, cuatro o cinco años, porque al cabo de ellos, dejando al tumor evolucionar espontáneamente, habría creado tal cantidad de células que podrían constituir un nuevo individuo total y completo. En cambio, lo primero que vemos, después de ese tiempo, es un tumorcito pequeño. ¿Qué es lo que pasó? ¿Que aquella célula primitiva ha sido capaz de resistir y de vivir en un estado latente durante tantísimos años? Me resisto a creerlo. Sin embargo, si aquel trastorno original que dio como consecuencia la primera lesión carcinomatosa produce un trastorno similar en el tejido de las mismas características histológicas que la lesión primitiva, no me extrañará nada que en un momento determinado, cualquiera que ésta sea, aparezca una nueva lesión en otra zona donde haya tejido exactamente de las mismas características histológicas que la lesión primitiva. Entonces me explico una metástasis. Pero, desde luego, no por el camino con el que se explica actualmente».

La cinta magnetofónica registra un momento de silencio, levemente interrumpido por una risita. Metálica, casi fuera de la humana. ¿A quién pertenece? ¿No está fuera del tiempo? ¿Más allá de nuestras preocupaciones anodinas? El doctor Blanco dice a continuación:

INCONGRUENCIAS DENTRO DE LAS EXPLICACIONES ACTUALES

«SI, es muy bonito. Muy curioso. Realmente curioso. A mí siempre me ha llamado la atención. Se habla de que en los períodos de gran evolución celular, una célula es capaz de dividirse en veinte, treinta, cuarenta minutos. Es una progresión geométrica. Imagínate al cabo de un año la cantidad de miles y millones de células que se pueden formar. No vamos a poner el período de mayor actividad. Vamos a imaginar que no se dividen en veinte minutos, sino tres días. Al cabo de ocho años, calcula la cantidad de células que allí se habrá formado. ¿Entonces, cómo no hay manifestaciones tumorales? Muchas veces hemos visto tumores diminutos que producen unos trastornos generales en el organismo de tal categoría que parece que el individuo debería ser prácticamente un tumor. Y, sin embargo, es un tumor diminuto. Otras veces he visto tumores gigantescos, que por no afectar a una zona importante del organismo mantienen al individuo en unas condiciones casi per-

Y a continuación es cuando entra directo y de forma istriónicamente visceral a exponer la gran encrucijada que hasta la fecha y aún a día de hoy, se nos publicitó para conseguir más ventas de un remedio agresivo contra el cáncer. Que hoy es el principal y más exitoso, pero no deja de ser, una paliza interna, y a posteriori externa, para el cuerpo. Prosigue el Doctor mientras la cinta magnetofónica registra la entrevista en compañía de Don Eliseo Bayo, quien recogió este tesoro:

"Se habla de que en los períodos de gran evolución celular, una célula es capaz de dividirse en veinte, treinta, cuarenta minutos. Es una progresión geométrica. Imagínate al cabo de un año la cantidad de miles y millones de células que se pueden formar. No vamos a poner el período de mayor actividad. Vamos a imaginar que no se deividen en veinte minutos, sino en tres días. Al cabo de ocho años, calcula la cantidad de células que allí se habrá formado. ¿Entonces, cómo no hay manifestaciones tumorales? Muchas veces hemos visto tumores diminutos que producen unos trastornos generales en el organismo de tal categoría que parece que el individuo debería ser prácticamente un tumor. Y, sin embargo, es un tumor diminuto. Otras veces he visto tumores gigantescos, que por no afectar a una zona importante del organismo mantienen al individuo en unas condiciones casi perfectas. Son incongruencias de las explicaciones actuales."

Entonces el periodista, muy acertadamente, le pregunta: "¿Pero cómo se produce un cáncer? ¿Cómo se produce dentro de nosotros? ¿O es que somos nosotros mismos?". A lo que el Doctor Blanco responde de la forma más clara posible dentro de su conocimiento técnico:

"Un cáncer se produce como consecuencia de esos microtraumatismos a que me refería antes. La célula está en una continua variación que te va produciendo un exceso de gasto energético continuo, en defensa de su propia supervivencia. Estas lesiones llegan a ser tan amplias como para trastornar su funcionamiento. Al ser lo suficientemente amplias, encuentran los diferentes caminos que conocemos, desde el mecanismo de la vejez hasta el de degenerar haciéndose fibrótica o cancerosa.

Si se hace fibrosa ya sabemos a dónde conduce. Si se hace cancerosa, y yo soy capaz de detectarla, si es en un territorio o una célula determinada, una vez eliminada se acabaría el problema. Sin embargo, así no sucede. Sí pienso que no es una lesión ni un problema local de una célula o un grupo celular determinado, sino que, como consecuencia y por la relación que hay entre todas las células del mismo grupo, ha sido una enfermedad de todo el tejido, será muy fácil entender que este trastorno ha sido como consecuencia de ser una zona de mayor responsabliaidad anatómica o funcional. Si la eliminas, entonces volverá a aparecer en otro territorio; será antes o después, con la presión y las alteraciones sufridas sean las mismas que las anteriores.

Yo no podría decir ahora qué es el cáncer. Quiero decir ahora y aquí. Lo único que puedo indicar es que no se trata de una enfermedad en el sentido clásico de la palabra."

Y ahora, desde la primera frase de esta afirmación, da el quiz de la cuestión sobre el problema cancerígeno, y una de las frases más importantes en cuestión a la lucha contra el cáncer que nunca se han tenido tanto en cuenta. La frase es la siguiente, y lo que continúa, explica su significado:

"Se sigue pensando que para destruir el cáncer hay que destruir las consecuencias y no la causa.

Lo que nosotros vemos en el cáncer es la consecuencia de una alteración celular. Yo entiendo que esta reacción es el mecanismo de defensa del tejido. Entonces destruyen su única forma de defenderse, lo cual ni es biológico ni lógico. De hecho, todos los quimioterápicos y todas las radiaciones tratan de hacer esto, pero no atacan nunca la causa. Si fuera una enfermedad propiamente dicha y producida por un agente externo -como puede ser una infección por virus, bacterias-, es posible que éste pudiera ser un camino. Pero la experiencia demuestra que ni la radioterapia ni los quimioterápicos conducen a ningún sitio, a pesar de que se pronuncian cifras elevadísimas de curación. Lo único que esas cifras elevadísimas no dicen es el tiempo que viven los presuntos curados. Los enfermos salen del hospital aparentemente sanos, pero mueren meses después. De cáncer, o efectos secundarios derivados del tratamiento. Esas cifras no son válidas."

¿Habrá droga para todos los enfermos que fueron tratados por lo que fue "I.CE.BE.-119"?

El doctor Blanco Cordero es muy posible que marche a Norteamérica contratado por unos laboratorios para la experimentación con la misma fórmula que hemos abandonado en España

En febrero de 1978 comenzaban las experiencias de la fórmula "I.CE.BE.-119". Ayer día 31 de septiembre, se estaba hablando un bien paso con algunos enfermos que siguen siendo tratados con el producto. No hay cifra exacta de los enfermos que recibe, lo que en tiempos fue "I.CE.BE.-119". Creímos que siempre del medio centenar.

A todos les llega puntualmente el producto que siguen expendiendo los laboratorios que hicieron la curiosa aventura de experimentar en España. Según fuentes cercanas a los mismos laboratorios, han tenido que enterarse de que no han vuelto a fabricar el específico, y que lo que ahora sale a la cura de los enfermos ha sido un "stock" almacenado cuando se esperaba que la producción masiva, las solicitudes universales fluir a llover sobre Zaragoza. Se habla de mil kilos de la droga que preparó el doctor Blanco Cordero. Lo que ya no hemos llegado a saber si al se trata de la droga que él sintetizó primeramente o si que luego prepararon los laboratorios y que fue la causa principal de que el doctor Blanco Cordero tratara el levantamiento, de acta notarial que los separaba fundamentalmente de la que él había dado al principio.

De forma particular pensamos que la fórmula "buena" es que los enfermos se encuentran satisfechos, sin los fenómenos secundarios de la que llevaban las últimas preparaciones.

¿QUE PASARA DESPUES?

Vamos a suponer que son mil kilos de droga. Vamos a pensar, porque así sea lo han confirmado, que son realmente almacenados unos de rescindir el contrato con el doctor Blanco Cordero. ¿Qué ocurrirá después de que se hayan acabado estos "stocks"?

—"Mire usted —nos dice una enferma—, yo llegué a seis clínicas en el mar de marzo. Venía desahuciada de los médicos. Los más optimistas me daban cuatro semanas de vida. Hasta el deseuibeo, mi existencia no sería muy grata. Tenía inapetencia, insomnio, decaimiento general y algunos dolores. Han pasado seis meses, mi vida no se ha acabado y cada día tengo más esperanzas en continuar. No padezco dolores, como y duermo bien. ¿Cree que voy a reaccionar cuando me digan que se suprime la droga que me están poniendo? Hay 79 hay muchos más enfermos dispuestos a firmar un manifiesto que dejo bien claro nuestro estado y cuanto esperamos de tratamiento".

Nosotros creemos que mientras haya enfermos, habrá droga. No es un caso que se interés en la asistencia o no de una tramitación burocrática, es independiente de las luchas intestinas. Aquí hay unos hombres que tienen su vida pendiente de un Jázmeno, personas que sufren esperanzas, porque ya les han hecho perder todas las demás, con el producto. Ellos son inocentes de las calabas, de los trajines, de las envidias, y hasta de la farsa de este tipo que se ha representado por algún infeliz frente a la figura del investigador.

Estaremos pendientes de lo que ocurra.

EL INVESTIGADOR A USA

Mientras, el doctor Blanco Cordero se encuentra en alguna parte de Europa. No han llegado noticias de su quehacer. Lo que sí nos ha llegado ha sido noticia del impacto que causó el artículo del doctor Alfaro, en "Tribuna Médica" el texto de las revistas especializadas vista a decir que supone un estudio serio, bien argumentado y que da pie a la esperanza. Otra de las publicaciones dice que conoce la oferta de un laboratorio norteamericano al doctor Blanco Cordero y parece que éste ha contestado afirmativamente. El doctor Blanco Cordero, si es así, volvería al lugar donde comenzó sus experiencias.

LA REUNION DE CIENTIFICOS QUE YA NO SERA

EL NOTICIERO fue adentrado en la suerte de que se preparaba en nuestra ciudad un encuentro de científicos que tenían como tema de experimentación el cáncer. Rápido, porque se precisa la puntualización, científicos que, indudablemente, luchaban contra el cáncer. No se trataba de cazadores ni de magos, ni de bluos. Ya no hubo tal reunión. Todo el mundo vuelva con interés de conocer de cerca las experiencias y marcha de las historias clínicas del doctor Blanco Cordero y se hubiesen encontrado aquí con la reducción de las experiencias, con las historias clínicas perdidas por algún despacho y con la fórmula cambiada.

No parecen correr buenos vientos para los francotiradores de las experiencias. El doctor Ische, que era propietario de la "Ring-tens Klinik", Holtach-Sgern, ha tenido que cerrarla con todos los departamentos completamente llenos de enfermos, pero sin poder redutir las presiones y esfuerzos negativos que le llegaban de todas las partes.

EL FEO OFICIO DE IN- VESTIGADOR

Con todo esto no nos damos cuenta de que estamos ofreciendo una pésima figura de nuestro investigador.

Hace pocos días habíamos dado los periódicos a dónde las agradecidas angustiosas aragonés doctor Ara. Aparte de sus cualidades, que le hacían el mejor estabilizador del universo, era un científico de los de más alta talla en U.S.A. Nadie se ha preocupado de él desde hace treinta años, hasta que le muerte le ha puesto de actualidad.

Para nuestros estudiantes, habrá que añadir a la vainilla de pasar horas y horas en el laboratorio, a la tenacidad de una búsqueda sin término fijo, a la renuncia del volumen, que siempre han entregado a la actividad del investigador, la fuerza y templanza necesaria para luchar contra la inercia, contra los que creen tener el monopolio de la investigación y no investigan nada y a sacarse de todos los disgustos que en este país tan crudo es el talante de la cuneta.

DE USA

PARA CRUZAR ES NECESARIO VER LA CALZADA A IZQUIERDA Y DERECHA. NO CRUCE NUNCA SIN MIRAR. NO CRUCE POR LA PARTE DELANTERA DE UN AUTOBUS

104

En febrero de 1973 comenzaban las experiencias de la fenecida "I.C.E. BE. 119". Ayer día 21 de septiembre, he estado hablando un buen rato con algunos enfermos que siguen siendo tratados con el producto. No hay cifra exacta de los enfermos que reciben lo que en tiempos fue "I.C.E.BE. 119". Calculo que alrededor del medio centenar.

A todos les llega puntualmente el producto que siguen expendiendo los laboratorios que iniciaron la curiosa aventura de experimentar en España. Según fuentes cercanas a los mismos laboratorios, nos hemos podido enterar de que no han vuelto a fabricar el específico, y que lo que ahora sale a la cura de los enfermos ha sido un "stock" almacenado cuando se esperaba que la producción masiva, las solicitudes universales iban a llover sobre Zaragoza. Se habla de mil kilos de la droga que preparó el doctor Blanco Cordero. Lo que ya no hemos llegado a saber es si se trata de la droga que él sintetizó primeramente o la que luego prepararon los laboratorios y que fué la causa princi-

¿Habrá droga fueron tratados

El doctor Blanco Corde contratado por unos lab fórmula q

pal de que el doctor Blanco Cordero instase el levantamiento de acta notarial ya que se separaba fundamentalmente de la que él había dado al principio.

De forma particular pensamos que es la fórmula "buena" ya que los enfermos se encuentran satisfactoriamente, sin las reacciones sorprendentes a las que llevaban las últimas preparaciones.

¿QUE PASARA DESPUES?

Vamos a suponer que son mil kilos de droga. Vamos a pensar, porque así nos lo han confirmado, que son remanentes almacenados antes de rescindir el contrato con el doctor Blanco Cordero: ¿Qué ocurrirá después de que se hayan acabado estos "stocks"?

—"Mire usted —me dice una en-

ferma—, yo llegué a esta clínica en el mes de marzo. Venía desahuciada de los médicos. Los más optimistas me daban cuatro semanas de vida. Hasta el desenlace, mi existencia no sería muy grata. Tenía inapetencia, insomnio, decaimiento general y algunos dolores. Han pasado seis meses. Mi vida no se ha acabado y cada día tengo más esperanzas en continuar. No padezco dolores, como y duermo bien. ¿Cómo cree que voy a reaccionar cuando me digan que se suprime droga que me están poniendo? Como yo hay muchos más enfermos. Todos estamos dispuestos a firmar un manifiesto que deje bien claro nuestro estado y cuánto esperamos aún del tratamiento".

Nosotros creemos que mientras haya enfermos, habrá droga. No es un caso que se inserte en la existencia o no de una tramitación burocrática, es independiente de las luchas intestinas. Aquí hay unos hombres que tienen su vida pendiente de un fármaco, personas cuya única esperanza, porque ya les han hecho perder todas las demás, está en el producto. Ellos son inocentes de las cábalas, de los trajines, de las envidias, y hasta de la forma de ser de los españoles frente a la figura del investigador.

Estaremos pendientes de lo que ocurra.

EL INVESTIGADOR, A U.S.A.

Mientras, el doctor Blanco Cordero se encuentra en alguna parte de Europa. No han llegado noticias de su quehacer. Lo que sí nos ha llegado ha sido noticia del impacto que causó el artículo del doctor Alfaro, en "Tribuna Médica". El texto de las revistas especializadas viene a decir que supone un estudio serio, bien argumentado y que da pie a la esperanza. Otra de estas publicaciones dice que conoce la oferta de un laboratorio norteamericano al doctor Blanco Cordero y que parece que éste ha contestado afirmativamente. El doctor Blanco Cordero, si es así, volverá al lugar donde comenzó sus experiencias

LA REUNION DE CIENTI-
FICOS QUE YA NO SERA

EL NOTICIERO fue adelantado en la nueva de que se preparaba en nuestra ciudad un encuentro de científicos que tenían como tema común de experimentación el cáncer. Repito, porque es precisa la puntualización: científicos que, indudablemente, luchaban contra el cáncer. No se trataba de curanderos ni de magos, ni de ilusos. Ya no habrá tal reunión. Todo el mundo venía con interés de conocer de cerca las experiencias y marcha de las historias clínicas del doctor Blanco Cordero y se hubiesen encontrado aquí con la reducción de las experiencias, con las historias clínicas perdidas por algún despacho y con la fórmula cambiada.

No parecen correr buenos vientos para los francotiradores de las experiencias. El doctor Issels, que era propietario de la "Ring-berg Klinik", Rottach-Egern, ha tenido que cerrarla con todos los departamentos completamente llenos de enfermos, pero sin poder resistir las presiones y esfuerzos negativos que le llegaban de todas las partes.

EL FEO OFICIO DE IN-VESTIGADOR

Con todo esto no nos damos cuenta de que estamos ofreciendo una pésima figura de nuestro investigador.

Hace pocos días hablamos desde los periódicos de la muerte del gran anatomista aragonés doctor Ara. Aparte de sus cualidades, que le hacían el mejor embalsamador del universo, era un científico de los de más alta talla en U.S.A. Nadie se ha preocupado de él desde hace treinta años, hasta que la muerte le ha puesto de actualidad.

Para nuestros estudiantes, habrá que añadir a la valentía de pasar horas y horas en el laboratorio, a la tenacidad de una búsqueda sin término fijo, a la renuncia del relumbrón, que siempre han acompañado a la actividad del investigador, la fuerza y templanza necesarias para luchar contra los inertes, contra los que creen tener el monopolio de la investigación y no investigan nada y a cuidarse de todos los disgustos que en este país trae el salirse de la manada.

DE USA

Después de completa explicación del Doctor Blanco Cordero sobre la causa del cáncer, su proceso y sus consecuencias, se direcciona la entrevista, muy genuinamente y de forma casi natural, hacia el origen, el comienzo del estudio, la chispa que hizo despertar esa exploración exahustiva del Doctor que solo finalizó, abruptamente, el día de su repentina muerte:

"Yo partí de una evidencia clínica. Me encontraba con muchos enfermos que llegaban a mi consulta en el hospital. Otros, que acudían por distintos caminos. Enfermos que llegaban hasta mí y en los que las manifestaciones tumorales no se habían dado, no tençian sintomatología alguna y, sin embargo, eran portadores de un tumor que yo entendía -por el tamaño y por su localización- que estaba allí durante muchos meses. Se trataba de un trastorno sin manifestación externa visible y que en muchos casos era producto de un descubrimiento clínico.

Lo primero que me hizo pensar fue cuáles eran las características de un cáncer que no daba sintomatología de enfermedad en el momento que ésta empezaba. Yo sabía que hay muchas enfermedades por agentes externos, sobre todo bacterianes, en las que se necesita un período de incubación más o menos largo, en el cual la repsuesta orgánica no se da. En el caso del tumor, el período de incubación era exageradamente largo y, sobre todo, no solamente por el tamaño, sino que debía haber tenido unas manifestaciones en su formación que deberían haber sido visibles.

Lo que me asombraba era que los enfermos venían sin ninguno de los síntomas habituales. Aquello me hizo reconsiderar mi concepto sobre el cáncer. Más adelante olvidé el aspecto clínico para tratar de entender el problema con mayor profundidad.

Me dije: "Realmente, el trastorno aparece en un territorio orgánico. Este territorio orgánico está formado por una serie de células. Estas células tienen una función. Voy a conocer cuáles son sus funciones. Estas, específicamente, y cuáles son sus respuestas. Y qué alteraciones las hacen capaces de responder en uno o en otro sentido".
Traté de estudiarlo. No fue fácil. Más que estudiar, pensaba qué podría pasar allí. Empecé a pensar en mecanismos bioquímicos extraños -extraños para los conocimientos de entonces-, pero fundados en lo que conocíamos. Traté de entender qué podía pasar en una célula y qué podría alterarla de tal forma que aparecieran estas lesiones que ni el propio organismo era capaz de controlar, ni siquiera ayudado por los auxilios que podríamos proporcionarle desde fuera De tal forma era así que todos aquellos productos reguladores que nosotros conocíamos no producían efecto en un cáncer. Este seguía evolucionando, siguiendo unas pautas celulares desconocidas.

Hubo una cierta esperanza cuando se dijo que se trataba de descubrir la clave genética y se pensó que lo que se alteraba eran estas claves. Sin embargo, el tiempo pasaba y no se llegaba a conocer el cáncer, ni con las pocas cosas que aprendíamos podíamos controlarlo. Nos encontrábamos frente a un problema totalmente diferente.

En consecuencia, nuestro pensamiento habría de discurrir por unos caunces totalmente distintos."

BIENVENIDO DOCTOR BLANCO

fectas. Son incongruencias dentro de las explicaciones actuales».

¿Pero cómo se produce un cáncer? ¿Cómo se produce dentro de nosotros? ¿O es que somos nosotros mismos?

NO ES UNA ENFERMEDAD EN EL SENTIDO CLÁSICO DE LA PALABRA

«UN cáncer se produce como consecuencia de esos microtraumatismos a que me refería antes. La célula está en esa continua variación que lo va produciendo un exceso de gasto energético continuo, en defensa de su propia supervivencia. Estas lesiones llegan a ser tan amplias como para trastornar su funcionamiento. Al ser lo suficientemente amplias, encuentran los diferentes caminos que conocemos, desde el mecanismo de la vejez hasta el de degenerar haciéndose fibrótica o cancerosa. Si se hace fibrosa ya sabemos a dónde conduce. Si se hace cancerosa, y yo soy capaz de detectarla, si es en un territorio o una célula determinada, una vez eliminada se acabaría el problema. Sin embargo, así no sucede. Si pienso que no es una lesión ni un problema local de una célula o un grupo celular determinado, sino que, como consecuencia y por la relación que hay entre todas las células del mismo grupo, ha sido una enfermedad de todo el tejido, será más fácil entender que este trastorno ha sido como consecuencia de ser una zona de mayor responsabilidad anatómica o funcional. La elimino y entonces volverá a aparecer en otro territorio; será antes o después, cuando la presión y las alteraciones sufridas sean las mismas que las anteriores.

Yo no podría decir ahora qué es el cáncer. Quiero decir ahora y aquí. Lo único que puedo indicar es que no se trata de una enfermedad en el sentido clásico de la palabra.

LAS CIFRAS ACTUALES DE CURACIÓN NO SON VÁLIDAS

«SE sigue pensando que para destruir el cáncer hay que destruir las consecuencias y no la causa. Lo que nosotros vemos en el cáncer es la consecuencia de una alteración celular. Todas las investigaciones van encaminadas a destruir esta consecuencia. Yo entiendo que esta reacción es el mecanismo de defensa del tejido. Entonces destruyen su única forma de defenderse, lo cual ni es biológico ni lógico. De hecho, todos los quimioterápicos y todas las radiaciones tratan de hacer esto, pero no atacan nunca la causa. Si fuera una enfermedad propiamente dicha, producida por un agente externo —como puede ser una infección por virus, bacterias—, es posible que éste pudiera ser un camino. Pero la experiencia demuestra que ni la radioterapia ni los quimioterápicos conducen a ningún sitio, a pesar de que se pronuncian cifras elevadísimas de curación. Los enfermos salen del hospital aparentemente sanos, pero mueren meses después. De cáncer. Esas cifras no son válidas».

El camino barruntado. Estaría dispuesto a rastrearlo durante horas y horas, sin men-

ción del cansancio ni de otras fatigas. Es una primicia imposible, porque antes ha de aparecer en las tribunas honorables, en los comunicados científicos que con su palabra ajustada pondrían una frontera al calendario. El pequeño doctor, de apariencia insignificante, sudoroso, temblando como un colegial sorprendido en falta. De no ser por su ultraje, que hiende las tinieblas y refleja las tempestades horribles de la verdad apresada, el doctor podría pasar por mozo de recados o contable a la vieja usanza. Algo hay que lo denifica y está naciendo en esta tarde infernalmente cálida.

LLEGAR AL FONDO DE LA CÉLULA

«YO partí de una evidencia clínica. Me encontraba con muchos enfermos que llegaban a mi consulta en el hospital. Otros, que acudían por distintos caminos. Enfermos que llegaban hasta mí y en los que las manifestaciones tumorales no se habían dado, no tenían sintomatología alguna y, sin embargo, eran portadores de un tumor que yo entendía —por el tamaño y por su localización— que estaba allí durante muchos meses. Se trataba de un trastorno sin manifestación externa visible y que en muchos casos era producto de un descubrimiento clínico. Lo primero que me hizo pensar fue cuáles eran las características del cáncer que no daba sintomatología de enfermedad en el momento en que ésta empezaba. Yo sabía que hay muchas enfermedades por agentes externos, sobre todo bacterianas, en las que se necesita un periodo de incubación más o menos largo, en el cual la respuesta orgánica no se daba. En el caso del tumor, el periodo de incubación era exageradamente largo y, sobre todo, no solamente por el tamaño, sino que debía haber tenido unas manifestaciones en su formación que debían haber sido visibles. Lo que me asombraba era que los enfermos venían sin ninguno de los síntomas habituales. Aquello me hizo reconsiderar mi concepto sobre el cáncer. Más adelante olvidé el aspecto clínico para tratar de entender el problema con mayor profundidad. Me dije: "Realmente, el trastorno aparece en un territorio orgánico. Este territorio orgánico está formado por una serie de células. Estas células tienen una función. Voy a conocer cuáles son sus funciones". Estas, específicamente, y cuáles son sus respuestas. Y qué alteraciones las hacen capaces de responder en uno o en otro sentido". Traté de estudiarlo. No fue fácil. Más que estudiar, pensaba qué podría pasar allí. Empecé a pensar en mecanismos bioquímicos extraños —extraños para los conocimientos de entonces—, pero fundados en lo que conocíamos. Traté de entender qué podía pasar en una célula y qué podría alterarla de tal forma que aparecieran estas lesiones que ni el propio organismo era capaz de controlar, ni siquiera ayudado por los auxilios que podríamos proporcionarle desde fuera. De tal forma era así que todos aquellos productos reguladores que nosotros conocíamos no producían efecto en un cáncer. Este seguía evolucionando, siguiendo unas pautas celulares desconocidas. Hubo una cierta esperanza cuando se dijo que se trataba de descubrir la clave genética y se pensó que lo que se alteraba eran estas claves. Sin embargo, el tiempo pasaba y no se llegaba a co-

nocer el cáncer, ni con las pocas cosas que aprendíamos podíamos controlarlo. Nos encontrábamos frente a un problema totalmente diferente.

En consecuencia, nuestro pensamiento habría de discurrir por unos cauces totalmente distintos».

La valentía del científico. Desprenderse de todas las sedimentaciones adquiridas. El punto cero de la modestia humana que descubre la pared y no se empecina en hornadarla a puñetazos. Desnudarse ante el mundo. Conquistarlo con ojos nuevos.

EL FRACASO DE LOS MÉTODOS TRADICIONALES

«ENTONCES, lo lógico era pensar que las funciones vitales que nosotros conocíamos como normales no se podían realizar en una célula. Había una forma por qué no se podían realizar. Y si no se podían realizar, de qué forma habríamos de ayudarla para que las realizara. Había un forma muy fácil: el mecanismo ancestral de la medicina occidental. Lo que estorba, se destruye. ¿Cuál era el mecanismo? ¿Que esta célula se divide? Pues vamos a destruirla. De ahí nació la quimioterapia y la radioterapia, formas profundamente agresivas. Serían perfectas si la lesión fuera local. Pero, en el momento en que sea un proceso difuso, no se puede destruir todo el organismo para acabar con la lesión. De ahí el hecho de que fracasen todas las terapéuticas actuales. Van encaminadas al foco, a lo visible, a lo que se manifiesta, a la división de las células; pero aquellas otras que están realmente lesionadas y que se manifestarán antes o después, no son atacables por este método. Lo que podemos conseguir, como máximo, es un alivio de la situación. Alivio inmediato, pues en seguida vuelve a aparecer incluso con mayor agresividad, como consecuencia de la irritación producida por los tratamientos.

Todos estos métodos producen repercusiones secundarias graves, que van desde la mutilación, en el caso de la cirugía, a la destrucción de las células y de los tejidos, en el de la radioterapia, a la aparición de graves trastornos con el uso de los citostáticos. Todos ellos, además, por su gran agresividad, son sumamente dolorosos para el individuo.

Siguen atacando las consecuencias y no la causa. Además, ignoran que cuando una célula se divide desordenadamente es porque no puede hacerlo de otra manera, y que esta "anormalidad" es su única posibilidad de defensa.

Yo intenté seguir otros caminos. Me propuse que en lugar de recurrir a métodos cruentos y a productos de mayor o menor toxicidad, si conociéramos exactamente qué ha pasado en el foco, qué diferencias hay entre el estado actual y el anterior, estaríamos muy cerca de la solución. Para ello hay que conocer la normalidad absoluta de la célula. Naturalmente, esto es el huevo de Colón, y todos pretendemos ir a las causas y no a las consecuencias. No es que yo lo haya conseguido totalmente. Pero creo que me he acercado bastante. He tratado de interpretar qué ha ocurrido en la célula, qué variaciones se han presentado. Para conocer la causa me propuse retroceder todavía ▶

fectas. Son incongruencias dentro de las explicaciones actuales».

¿Pero cómo se produce un cáncer? ¿Cómo se produce dentro de nosotros? ¿O es que somos nosotros mismos?

NO ES UNA ENFERMEDAD EN EL SENTIDO CLÁSICO DE LA PALABRA

«UN cáncer se produce como consecuencia de esos microtraumatismos a que me refería antes. La célula está en esa continua variación que lo va produciendo un exceso de gasto energético continuo, en defensa de su propia supervivencia. Estas lesiones llegan a ser tan amplias como para trastornar su funcionamiento. Al ser lo suficientemente amplias, encuentran los diferentes caminos que conocemos, desde el mecanismo de la vejez hasta el de degenerar haciéndose fibrótica o cancerosa. Si se hace fibrosa ya sabemos a dónde conduce. Si se hace cancerosa, y yo soy capaz de detectarla, si es en un territorio o una célula determinada, una vez eliminada se acabaría el problema. Sin embargo, así no sucede. Si pienso que no es una lesión ni un problema local de una célula o un grupo celular determinado, sino que, como consecuencia y por la relación que hay entre todas las células del mismo grupo, ha sido una enfermedad de todo el tejido, será muy fácil entender que este trastorno ha sido como consecuencia de ser una zona de mayor responsabilidad anatómica o funcional. La elimino y entonces volverá a aparecer en otro territorio; será antes o después, cuando la presión y las alteraciones sufridas sean las mismas que las anteriores.

Yo no podría decir ahora qué es el cáncer. Quiero decir ahora y aquí. Lo único que puedo indicar es que no se trata de una enfermedad en el sentido clásico de la palabra».

LAS CIFRAS ACTUALES
DE CURACIÓN
NO SON VÁLIDAS

«SE sigue pensando que para destruir el cáncer hay que d e s t r u i r las consecuencias y no la causa. Lo que nosotros vemos en el cáncer es la consecuencia de una alteración celular. Todas las investigaciones van encaminadas a destruir esta consecuencia. Yo entiendo que esta reacción es el mecanismo de defensa del tejido. Entonces destruyen su única forma de defenderse, lo cual ni es biológico ni lógico. De hecho, todos los quimioterápicos y todas las radiaciones tratan de hacer esto, pero no atacan nunca la causa. Si fuera una enfermedad propiamente dicha y producida por un agente externo —como puede ser una infección por virus, bacterias—, es posible que éste pudiera ser un camino. Pero la experiencia demuestra que ni la radioterapia ni los quimioterápicos conducen a ningún sitio, a pesar de que se pronuncian cifras elevadísimas de curación. Lo único que esas cifras elevadísimas no dicen es el tiempo que viven los presuntos curados. Los enfermos salen del hospital aparentemente sanos, pero mueren meses después. De cáncer. Esas cifras no son válidas».

El camino barruntado. Estaría dispuesto a rastrearlo durante horas y horas, sin men-

LLEGAR AL FONDO DE LA CÉLULA

«YO partí de una evidencia clínica. Me encontraba con muchos enfermos que llegaban a mi consulta en el hospital.

Otros, que acudían por distintos caminos. Enfermos que llegaban hasta mí y en los que las manifestaciones tumorales no se habían dado, no tenían sintomatología alguna y, sin embargo, eran portadores de un tumor que yo entendía —por el tamaño y por su localización— que estaba allí durante muchos meses. Se trataba de un trastorno sin manifestación externa visible y que en muchos casos era producto de un descubrimiento clínico. Lo primero que me hizo pensar fue cuáles eran las características de un cáncer que no daba sintomatología de enfermedad en el momento en que ésta empezaba. Yo sabía que hay muchas enfermedades por agentes externos, sobre todo bacterianas, en las que se necesita un período de incubación más o menos largo, en el cual la respuesta orgánica no se da. En el caso del tumor, el período de incubación era exageradamente largo y, sobre todo, no solamente por el tamaño, sino que debía haber tenido unas manifestaciones en su formación que deberían haber sido visibles. Lo que me asombraba era que los enfermos venían sin ninguno de los síntomas habituales. Aquello me hizo reconsiderar mi concepto sobre el cáncer. Más adelante olvidé el aspecto clínico para tratar de entender el problema con mayor profundidad. Me dije: "Realmente, el trastorno aparece en un territorio orgánico. Este territorio orgánico está formado por una serie de células. Estas células tienen una función. Voy a conocer cuáles son sus funciones". Estas, específicamente, y cuáles son sus respuestas. Y qué alteraciones las hacen capaces de responder en uno o en otro sentido". Traté de estudiarlo. No fue fácil. Más que estudiar, pensaba qué podría pasar allí. Empecé a pensar en mecanismos bioquímicos extraños —extraños para los conocimientos de entonces—, pero fundados en lo que conocíamos. Traté de entender qué podía pasar en una célula y qué podría alterarla de tal forma que aparecieran estas lesiones que ni el propio organismo era capaz de controlar, ni siquiera ayudado por los auxilios que podríamos proporcionarle desde fuera. De tal forma era así que todos aquellos productos reguladores que nosotros conocíamos no producían efecto en un cáncer. Este seguía evolucionando, siguiendo unas pautas celulares desconocidas. Hubo una cierta esperanza cuando se dijo que se trataba de descubrir la clave genética y se pensó que lo que se alteraba eran estas claves. Sin em-

ción del cansancio ni de otras fatigas. Es una primicia imposible, porque antes ha de aparecer en las tribunas honorables, en los comunicados científicos que con su palabra ajustada pondrán una frontera en el calendario. El pequeño doctor, de apariencia insignificante, sudoroso, temblando como un colegial sorprendido en falta. De no ser por su mirada, que hiende las tinieblas y refleja las tempestades horribles de la verdad apresada, el doctor podría pasar por mozo de recados o contable a la vieja usanza. Algo hay que lo deslíe y está naciendo en esta tarde infernalmente cálida.

nocer el cáncer, ni con las pocas cosas que aprendíamos podíamos controlarlo. Nos encontrábamos frente a un problema totalmente diferente.

En consecuencia, nuestro pensamiento habría de discurrir por unos cauces totalmente distintos».

La valentía del científico. Desprenderse de todas las sedimentaciones adquiridas. El punto cero de la modestia humana que descubre la pared y no se empecina en horadarla a puñetazos. Desnudarse ante el mundo. Conquistarlo con ojos nuevos.

EL FRACASO DE LOS MÉTODOS TRADICIONALES

«ENTONCES, lo lógico era pensar que las funciones vitales que nosotros conocíamos como normales no se podían realizar en una célula. Había que pensar por qué no se podían realizar. Y si no se podían realizar, de qué forma habríamos de ayudarla para que las realizara. Había un forma muy fácil: el mecanismo ancestral de la medicina occidental. Lo que estorba, se destruye. ¿Cuál era el mecanismo? ¿Que esta célula se divide? Pues vamos a destruirla. De ahí nació la quimioterapia y la radioterapia, formas profundamente agresivas. Serían perfectas si la lesión fuera local. Pero, en el momento en que sea un proceso difuso, no se puede destruir todo el organismo para acabar con la lesión. De ahí el hecho de que fracasen todas las terapéuticas actuales. Van encaminadas al foco, a lo visible, a lo que se manifiesta, a la división de las células; pero aquellas otras que están realmente lesionadas y que se manifestarán antes o después, no son atacables por este método. Lo que podemos conseguir, como máximo, es un alivio de la situación. Alivio inmediato, pues en seguida vuelve a aparecer incluso con mayor agresividad, como consecuencia de la irritación producida por los tratamientos.

Todos estos métodos producen repercusiones secundarias graves, que van desde la mutilación, en el caso de la cirugía, a la destrucción de las células y de los tejidos, en el de la radioterapia, y a la aparición de graves trastornos con el uso de los citostáticos. Todos ellos, además, por su gran agresividad, son sumamente dolorosos para el individuo.

Siguen atacando las consecuencias y no la causa. Además, ignoran que cuando una célula se divide desordenadamente es porque no puede hacerlo de otra manera, y que esta "anormalidad" es su única posibilidad de defensa.

Yo intenté seguir otros caminos. Me propuse que en lugar de recurrir a métodos cruentos y a productos de mayor o menor toxicidad, si conociéramos exactamente qué ha pasado en el foco, qué diferencias hay entre el estado actual y el anterior, estaríamos muy cerca de la solución. Para ello hay que conocer la normalidad absoluta de la célula. Naturalmente, esto es el huevo de Colón, y todos pretendemos ir a las causas y no a las consecuencias. No es que yo lo haya conseguido totalmente. Pero creo que me he acercado bastante. He tratado de interpretar qué ha ocurrido en la célula, qué variaciones se han presentado. Para conocer la causa me propuse retroceder todavía

115

Sin más preámbulos, arremete directamente contra los métodos tradicionales. Aún vigentes, como es la quimioterapia, cobaltoterapia o radioterapia. Démonos cuenta que estamos en el año 1973 y el Doctor Blanco decía lo siguiente:

"Lo lógico era pensar que las funciones vitales que nosotros conocíamos como normales no se podían realizar en una célula. Había que pensar por qué no se podían realizar. Y si no se podían realizar, de qué forma habríamos de ayudarla para que las realizara. Había una forma muy fácil:
El mecanismo ancestral de la medicina occidental:
"Lo que estorba, se destruye."

¿Cuál era el mecanismo? ¿Esta célula se divide? Pues vamos a destruirla. De ahí nació la quimioterapia y la radioterapia, formas profundamente agresivas. Serían perfectas si la lesión fuera local. Pero, en el momento en que sea un proceso difuso, no se puede destruir todo el organismo para acabar con la lesión. De ahí el hecho de que fracasen todas las terapéuticas actuales. Van encaminadas al foco, a lo visible, a lo que se manifiesta, a la división de las células; pero aquellas otras que están realmente lesionadas y que se manifestarán antes o después, no son atacables por este método. Lo que podemos conseguir, como máximo, es un alivio de la situación. Alivio inmediato, pues enseguida vuelve a aparecer incluso con mayor agresividad, como consecuencia de la irritación producida por los tratamientos.

Todos estos métodos producen repercusiones secundarias graves, que van desde la mutilación, en el caso de la cirugía, ala destrucción de las células y de los tejidos, en el de la radioterapia, y a la aparición de graves trastornos con el uso de citostáticos. Todos ellos, además, por su gran agresividad, son sumamente dolorosos para el individuo.

Siguen atacando las consecuencias y no la causa. Además, ignoran que cuando una célula se divide desordenadamente es porque no puede hacerlo de otra manera, y que esta "anormalidad" es única posibilidad de defensa.

Yo intenté seguir otros caminos. Me propuse que en lugar de recurrir a métodos cruentos y a productos de mayor o menor toxicidad, si conociéramos exactamente qué ha pasado en el foco, qué diferencias hay entre el estado actual y el anterior, estaríamos muy cerca de la solución. Para ello hay que conocer la normalidad absoluta de la célula.

Naturalmente, esto es el huevo de Colón, y todos pretendemos ir a las causas y no a las consecuencias. No es que yo lo haya conseguido totalmente. Pero creo que me he acercado bastante. He tratado de interpretar qué ha ocurrido en la célula, qué variaciones se han presentado. Para conocer la causa me propuse retroceder todavía más, observar la célula cuando es normal, qué es lo que he de hacer para que se convierta en anormal, qué variaciones tienen que ocurrir en una célula para que reaccione de una manera determinada.

Especulé sobre qué variaciones posibles habían ocurrido y sobre qué podía hacer para volver a la situación anterior."

Y entonces aquí, Eliseo, da el broche final de esta entrevista, con una pregunta contundente y directa:

"¿Cuál ha sido el instrumental necesario del Doctor para poder conseguir este remedio contra una enfermedad como el cáncer?".

La respuesta del Doctor, con su característica sencillez y humildad, no deja indiferente a nadie:

"Mi deseo de conocer ha sido el mejor instrumento de trabajo. MI propia mente. No hay aparato en el mundo que sea capaz de compensar la pasión secreta de la mente del científico. Mucho antes de lanzarse a la tarea, el científico debe pensar muy bien, muy detenidamente, y durante años, qué es lo que quiere, qué es lo que busca. Todas las cosas grandes son de una sencillez asombrosa. Pero para descubrirlas se necesita un gran esfuerzo."

BIENVENIDO DOCTOR BLANCO

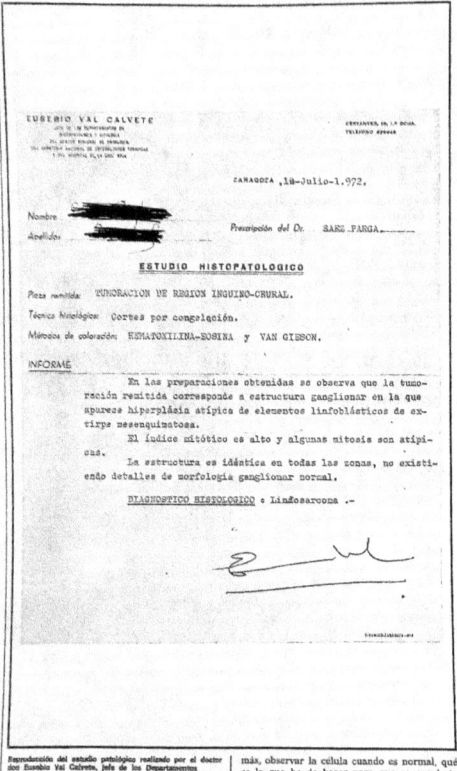

ocurrido y sobre qué podía hacer para volver a la situación anterior».

Ese es el gran secreto. Su formulación científica todavía no ha sido divulgada, pero las palabras del doctor Blanco —y sobre todo su entonación, que, obviamente, el lector no puede escuchar— indican que el milagro, la rasgadura del velo, se ha producido ya. ¿Y cuál ha sido el instrumental del doctor?

LA ASOMBROSA SENCILLEZ

«Mi deseo de conocer ha sido el mejor instrumento de trabajo. Mi propia mente. No hay aparato en el mundo que sea capaz de compensar la pasión secreta de la mente del científico. Mucho antes de lanzarse a la tarea, el científico debe pensar muy bien, muy detenidamente, y durante años, qué es lo que quiere, qué es lo que busca. Todas las cosas grandes son de una sencillez asombrosa. Pero para descubrirlas se necesita un gran esfuerzo.

Yo no sé si llegué a conocer alguna vez al doctor Blanco. Me sucede lo mismo que a alguno de ustedes. Los sueños, a veces, suplen lo que no obtengo en la realidad, y mis mejores amigos no tienen rostro concreto, no figura su nombre en el listín de teléfonos. Vienen con las sombras y se marchan cuando han dejado su mensaje. Es evidente que yo estuve en Zaragoza, que pasé noches en blanco hablando —como si fuera un sueño— con un hombre acorralado. Yo me sentí culpable por tener un magnetófón y un bolígrafo y unas cuartillas. Me sentí avergonzado de ser, según él me confesaba, su "última tabla de salvación". Yo quería ser para él un amigo. Y necesitaba pruebas. Pero el hombrecillo despellejado me abrumaba con datos y con historias clínicas, cómo descubrió el medicamento, qué largo proceso intelectual siguió, cómo anduvo de puerta en puerta ofreciendo su hallazgo, cómo empezó a fabricarlo en su casa y con qué golpes fue vapuleado. Nombres recobrados de la muerte. Una larga serie de ataúdes vacíos. ¿No es así, Amparo Bandrés? Éxitos asombrosos en curaciones no ya del cáncer, sino de pavorosas heridas que cicatrizaron con el famoso producto. Yo me sentí humillado. No quería ser testigo de la muerte científica del que había luchado contra la muerte. ¡Qué! ¿En razón de tener un magnetófón y un bolígrafo y unas cuartillas se me pedía «objetividad» y «fiscalización»? Preferí equivocarme. Entregarme al sueño y pensar que era testigo del nacimiento de un héroe. Después, el silencio. Desde hace tres semanas marco dos veces al día el número del teléfono que me unía al doctor Blanco. Nadie contesta. Para no enloquecer, un día haré públicas las cintas magnetofónicas. ¿A quién pueden perjudicar ya?»
E. B Fotos: RECUERO.

Cerrado ya este número, y por un puro azar, hemos logrado localizar al doctor Blanco, que se encuentra todavía en España, contrariamente a lo que decimos al principio de este trabajo, en pliego ya cerrado, al conocer la noticia. Por el momento no es inminente su salida al extranjero, ni ha formalizado ningún contrato con laboratorio alguno. En nuestro próximo número ofreceremos una entrevista en exclusiva con el doctor Blanco, en la que aparecerán las pruebas más contundentes de la veracidad de su hallazgo.

más, observar la célula cuando es normal, qué es lo que he de hacer para que se convierta en anormal, qué variaciones tienen que ocurrir en una célula para que reaccione de una manera determinada.

Especulé sobre qué variaciones posibles habían

Reproducción del estudio patológico realizado por el doctor don Eusebio Val Calvete, jefe de los Departamentos de Histopatología y Citología del Centro Regional de Oncología del Sanatorio Nacional de Enfermedades Torácicas y del Hospital de la Cruz Roja, de Zaragoza, de un enfermo tratado por el doctor Blanco Cordero, que en la actualidad está clínicamente sano.

8

más, observar la célula cuando es normal, qué es lo que he de hacer para que se convierta en anormal, qué variaciones tienen que ocurrir en una célula para que reaccione de una manera determinada.

Especulé sobre qué variaciones posibles habían

ocurrido y sobre qué podía hacer para volver a la situación anterior».

Ese es el gran secreto. Su formulación científica todavía no ha sido divulgada, pero las palabras del doctor Blanco —y sobre todo su entonación, que, obviamente, el lector no puede escuchar— indican que el milagro, la rasgadura del velo, se ha producido ya. ¿Y cuál ha sido el instrumental del doctor?

LA ASOMBROSA SENCILLEZ

«MI deseo de conocer ha sido el mejor instrumento de trabajo. Mi propia mente. No hay aparato en el mundo que sea capaz de compensar la pasión secreta de la mente del científico. Mucho antes de lanzarse a la tarea, el científico debe pensar muy bien, muy detenidamente, y durante años, qué es lo que quiere, qué es lo que busca. Todas las cosas grandes son de una sencillez asombrosa. Pero para descubrirlas se necesita un gran esfuerzo».

Yo no sé si llegué a conocer alguna vez al doctor Blanco. Me sucede lo mismo que a alguno de ustedes. Los sueños, a veces, suplen lo que no obtengo en la realidad, y mis mejores amigos no tienen rostro concreto, no figura su nombre en el listín de teléfonos. Vienen con las sombras y se marchan cuando han dejado su mensaje. Es evidente que yo estuve en Zaragoza, que pasé noches en blanco hablando —como si fuera un sueño— con un hombre acorralado. Yo me sentí culpable por tener un magnetofón y un bolígrafo y unas cuartillas. Me sentí avergonzado de ser, según él me confesaba, su "última tabla de salvación". Yo quería ser para él un amigo. Y necesitaba pruebas. Pero el hombrecillo despellejado me abrumaba con datos y con historias clínicas, cómo descubrió el medicamento, qué largo proceso intelectual siguió, cómo anduvo de puerta en puerta ofreciendo su hallazgo, cómo empezó a fabricarlo en su casa y con qué golpes fue vapuleado. Nombres recobrados de la muerte. Una larga serie de ataúdes vacíos. ¿No es así, Amparo Bandrés? Éxitos asombrosos en curaciones no ya del cáncer, sino de pavorosas heridas que cicatrizaron con el famoso producto. Yo me sentí humillado. No quería ser testigo de la muerte científica del que había luchado contra la muerte. ¡Qué! ¿En razón de tener un magnetofón y un bolígrafo y unas cuartillas se me pedía «objetividad» y «fiscalización»? Preferí equivocarme. Entregarme al sueño y pensar que era testigo del nacimiento de un héroe. Después, el silencio. Desde hace tres semanas marco dos veces al día el número del teléfono que me unía al doctor Blanco. Nadie contesta. Para no enloquecer, un día haré públicas las cintas magnetofónicas. ¿A quién pueden perjudicar ya?

■ E. B Fotos: RECUERO.

El Doctor José Ignacio Blanco Cordero fue contratado posteriormente por los Laboratorios Casen, donde hubo mucha más seriedad tratando el tema de la medicna, provocando que se llevara a niveles insospechados, perfeccionándose enormemente.

Pudiendo tratar a su vez a los enfermos en la Cruz Roja, a enfermos que llegaban a la puerta de su casa y a diferentes hospitales del país, especialmente Zaragoza y Madrid, que llegaban en manada para tratarse con el Doctor, ya no solo desde Zaragoza, ya no solo desde España.

Lo que sabemos hasta hoy sobre el Doctor José Ignacio Blanco Cordero es que cursó la carrera de Medicina en Madrid, doctorándose con la tesis "Ureasa emucosa gástrica", ante los profesores Matilla y Oliveros. Sus calificaciones universitarias fueron de sobresaliente cum laude y estudiado en diferentes centros de bioquímica en Estados Unidos. Especialista en medicina interna y bioquímica. Trató a su primer paciente en el Hospital Oncológico de Madrid, abandonándolo por su propio pie 8 meses después.

Trabajó en la Facultad de Medicina de Madrid, en el Servicio de Rehabilitación y en el Hospital Provincial madrileño. Estuvo interno en los Laboratorios Ulta, llevados por Francisco Villoro; Laboratorios Casen, dirigido por don Pedro Luis Roncalés; y posteriormente Vichy sería el culmen de su carrera repentinamente finalizada. Entre tanto, se le concede el permiso de experimentación clínica ante la Dirección General de Sanidad. En abril de 1973 se concede a favor de la denominación oficial "I.CE.BE.-119" para la droga creada por el doctor.

Con el permiso logrado, se realizan pruebas clínicas en seis centros de Zaragoza: Facultad de Medicina, Sanatorio Royo Villanova, Clínica Montpellier, Clínica San Juan de Dios, Clínica Quirón y Hospital de la Cruz Roja. Dos centros más, el Centro Regional de Oncología y la Residencia 18 de Julio.

Se realizan pruebas en más de ciento treinta enfermos, con los resultados indicados por el doctor Emilio Alfaro:

"Se tiene constancia de que existen otras comprobaciones positivas, que no han sido publicadas hasta el momento."

Como la pareja de Albacete que fue andando hasta Zaragoza y casi mueren en el intento. Ya no solo desde Alemania, que se preparó un vuelo exclusivo para llegar a Zaragoza en busca del tratamiento "milagroso" del Doctor Blanco. El número de asaltos por la calle aumentó preocupantemente, un padre venezolano durmió dos días en la puerta de la casa del doctor solo para poder tratar a su hija que estaba muriéndose de cáncer en Caracas.

Se intentó incendiar el laboratorio donde trabajaba, sospechándose de un ayudante contratado por alguien poderoso en la industria farmacéutica que nunca se ha llegado a saber a ciencia cierta. También entraba en escena la perpétua paranoia de la conspiración. Por lo que nunca se sabrá y afortunadamente no tuvieron éxito.

Al Ford Capri que Amparo Bandrés le regaló en señal de agradecimiento, le cortaron los frenos del coche, provocando un accidente que casi siniestra el coche y acaba con la vida del Doctor.

Algo más que «medicina fantástica»

(Viene de la contraportada)

cuando la situación se hacia caótica.

Joaquín López, técnico en electricidad del automóvil y gerente de una conocida bolera, intervenía también en el complicado entramado humano que se fue tejiendo en torno al I.CE.BE.-119. Joaquín recibía de madrugada a familiares de cancerosos, concertando citas con Blanco Cordero en medio del estruendo de los bolos.

Dos mujeres merecen, junto con Blanca Mar, mención aparte: Paquita Ors y Amparo Bandrés. La primera, farmacéutica y esposa de farmacéutico, puso a disposición de Blanco Cordero toda una red de amistades en los medios de comunicación. Estos contactos, unidos al espontáneo interés que suscitaba el «caso» hicieron de Blanco Cordero una noticia constante a escala nacional. En casa de Paquita Ors, por ende, se realizó la firma del contrato «pro firma» con Vichy.

Amparo Bandrés o la gratitud. Amparo, hacia 1971, había sido diagnosticada de linfosarcoma. Se le propuso extirpación del bazo y radiaciones, con un pronóstico de lo más sombrío. Fue tratada por Blanco Cordero y en la actualidad, ocho años más tarde, vive y goza de buena salud. Amparo regaló a su salvador un Ford «Capri» y, pese a importantes reveses económicos, ha dedicado energías y tiempo, con tacto y discreción la mayoría de las veces, y con increíble vigor cuando ha hecho falta, a la reivindicación de la obra de Blanco Cordero. Amparo es hoy el nexo de unión entre pacientes, familiares, amigos y admiradores del desaparecido autor del I.BE.CE.

Algunos médicos estuvimos al lado de Blanco Cordero en los momentos de angustia: Fernando Torino, José María Sebastián Cabeza y yo.

¿Enemigos? Quizá la palabra sea excesiva, pero Blanco Cordero suscitó el desdén y aún la santa indignación de los sabios oficiales. El informe de 1973 del doctor Carda Aparici, director entonces del Instituto Nacional de Oncología, destila una indisimulada hostilidad que va más allá de lo científico. En Zaragoza, el único establecimiento sanitario de importancia que no solicitó pruebas clínicas con I.CE.BE.-119 fue el Centro Regional de Oncología, dependiente de la Asociación Provincial contra el Cáncer, cuyo presidente era Cuenca Villoro, de cuya industria –Ulta– se había largado aburrido Blanco Cordero. Unas venenosas declaraciones aparecidas en «Heraldo de Aragón» y atribuidas a Cuenca Villoro, nos impulsaron a una querella en los tribunales y a una denuncia en la comisión deontológica del Colegio de Médicos.

Dos años de angustia

Desde que apareció la primera noticia sobre el I.CE.BE.-119 en la prensa, Blanco Cordero comenzó a vivir una pesadilla que, casi inmediatamente, iba a compartir yo, a raíz de mi primer informe aparecido en junio de 1973 en «Tribuna Médica» de Madrid. Las llamadas telefónicas, las irrupciones en las consultas de Cruz Roja, los asaltos en plena calle y las visitas en nuestros domicilios no cesaron a lo largo de dos años. Las anécdotas de aquel tiempo llenarían todo el espacio de este semanario.

Junto al matrimonio de Albacete que vino caminando a Zaragoza para obtener una ampolla del I.CE.BE.-119, los hijos del presidente del consejo de administración de determinada multinacional, con cheque en blanco en la mano. Tras el embaucador que pretendía asociarse con José Ignacio, el padre que aguarda dos días con sus respectivas noches a la puerta de su domicilio para pedirle que viajara a Caracas en auxilio de su hijo.

Para juzgar el papel que el Hospital de Cruz Roja jugó en las experiencias y en la investigación del I.CE.BE.-119, bastará con decir que, durante meses, todas sus camas fueron bloqueadas por pacientes de Blanco Cordero. Incluso en la habitación del médico de guardia hubo enfermos en tratamiento.

En esta atmósfera, con sombras constantes, con alternativas a veces enloquecedoras, Blanco Cordero vivió su momento estelar: se veía perseguido, adulado, adorado. Gentes de toda España y aún de todo el mundo se encontraban dispuestas a todo por conseguir hablar con él, estrechar su mano y obtener un gramo del producto milagroso.

José Ignacio abandonó durante un par de años el laboratorio y vivía con apasionamiento esa existencia. Fue su perdición. Dormía unas horas por la mañana; visitaba enfermos a altas horas de la noche, concertando citas, ora en hospitales, ora en una bolera, en casa de Amparo Bandrés o en la terraza de un café. Hablaba, hablaba y hablaba, fumando un cigarrillo tras otro, relatando una anécdota tras otra. Captaba a sus oyentes, les fascinaba, se sentían amigos, colaboradores, protectores. Por eso hoy tanta gente por España que «fue su mejor amigo y confidente».

Una avioneta esperaba no se sabía dónde a que dos gorilas nos convencieran por las buenas o por las malas de que había que viajar en ella para inyectar a un prócer portugués. Otro día, un oficial de marina mercante acechaba, pistola en mano, a la telefonista de Cruz Roja para obligarnos a tratar a su madre.

¿Hubo mercado negro de I.CE.BE.-119? De Madrid un ferroviario que podía obtener, pagando primero por una conocida clínica, donde, a cambio de una insospechada cantidad, facilitaban los «contactos» en Zaragoza.

Dos años de angustia, entre tras Blanco Cordero se destrozaba en una vida excéntrica y poco práctica. Su matrimonio con Marta, de San Mateo de Gállego, pareció que remediaría la situación. A José Ignacio le encantaba San Mateo y amaba a sus gentes. Su afición a la guitarra, o la conversación por el placer de hablar, iban a encontrar en San Mateo un amable rincón donde refugiarse del caos.

Y de pronto, el final

Desde que regresara de una corta estancia en Burgos –después de comenzar Vichy a fabricar su producto–, nuestros caminos fueron divergentes. Yo seguí trabajando en Cruz Roja y él se instaló en la clínica Quirón. Pero –la distanciarse de mí, aunque nunca impidió que siguiera investigando su producto. Pasaron meses sin vernos. No me invitó a su boda.

Y, de pronto, me llamó. Nos vimos en Quirón. Volvía al laboratorio. Reconozco que los dos años alejado de la investigación eran irrecuperables. Pero ya había conseguido una «segunda familia», menos densa y más identificable. Tenía grandes proyectos para el futuro. Marchó en Vigo, unas semanas después.

E. A.

(Viene de la contraportada)

cuando la situación se hacía caótica.

Joaquín López, técnico en electricidad del automóvil y gerente de una conocida bolera, intervenía también en el complicado entramado humano que se fue tejiendo en torno al I.CE. BE.-119. Joaquín recibía de madrugada a familiares de cancerosos, concertando citas con Blanco Cordero en medio del estruendo de los bolos.

Dos mujeres merecen, junto con Blanca Mar, meción aparte: Paquita Ors y Amparo Bandrés. La primera, farmacéutica y esposa de farmacéutico, puso a disposición de Blanco Cordero toda una red de amistades en los medios de comunicación. Estos contactos, unidos al espontáneo interés que suscitaba su «caso» hicieron de Blanco Cordero una noticia constante a escala nacional. En casa de Paquita Ors, por ende, se realizó la firma del contrato «pro forma» con Vichy.

Amparo Brandrés o la gratitud. Amparo, hacia 1971, había sido diagnosticada de linfosarcoma. Se le propuso extirpación del bazo y radiaciones, con un pronóstico de lo más sombrío. Fue tratada por Blanco Cordero y en la actualidad, ocho años más tarde, vive y goza de buena salud. Amparo regaló a su salvador un Ford «Capri» y, pese a importantes reveses económicos, ha dedicado energías y fondos, con tacto y discreción la mayoría de las veces, y con increíble vigor cuando ha hecho falta, a la reivindicación de la obra de Blanco Cordero. Amparo es hoy el nexo de unión entre pacientes, familiares, amigos y admiradores del desaparecido autor del I.BE.CE.

Algunos médicos estuvimos al lado de Blanco Cordero en los momentos de angustia: Fernando Tormo, José María Sebastián Cabeza y yo.

¿Enemigos? Quizá la palabra sea excesiva, pero Blanco Cordero suscitó el desdén y aún la santa indignación de los sabios oficiales. El informe de 1973 del doctor Carda Aparici, director entonces del Instituto Nacional de Oncología, destila una indisimulada hostilidad que va más allá de lo científico. En Zaragoza, el único establecimiento sanitario de importancia que no solició pruebas clínicas con I.CE.BE.-119 fue el Centro Regional de Oncología, dependiente de la Asociación Provincial contra el Cáncer, cuyo presidente era Cuenca Villoro, de cuya industria —Ulta— se había largado aburrido Blanco Cordero. Unas venenosas declaraciones aparecidas en «Heraldo de Aragón» y atribuidas a Cuenca Villoro, nos impulsaron a una querella en los tribunales y a una denuncia en la comisión deontológica del Colegio de Médicos.

Dos años de angustia

Desde que apareció la primera noticia sobre el I.CE.BE.-119 en la prensa, Blanco Cordero comenzó a vivir una pesadilla que, casi inmediatamente, iba a compartir yo, a raíz de mi primer informe aparecido en junio de 1973 en «Tribuna Médica» de Madrid. Las llamadas telefónicas, las irrupciones en las consultas de Cruz Roja, los asaltos en plena calle y las visitas en nuestros domicilios no cesaron a lo largo de dos años. Las anécdotas de aquel tiempo llenarían todo el espacio de este semanario.

Junto al matrimonio de Albacete que vino caminando a Zaragoza para obtener una ampolla del I.CE.BE.-119, los hijos del presidente del consejo de administración de determinada multinacional, con cheque en blanco en la mano. Tras el embaucador que pretendía asociarse con José Ignacio, el padre que aguarda dos días con sus respectivas noches a la puerta de su domicilio para pedirle que viajara a Caracas en auxilio de su hija.

Para juzgar el papel que el Hospital de Cruz Roja jugó en las experiencias y en la investigación del I.CE.BE.-119, bastará con decir que, durante meses, todas sus camas fueron bloqueadas por pacientes de Blanco Cordero. Incluso en la habitación del médico de guardia hubo enfermos en tratamiento.

En esta atmósfera, con zozobras constantes, con alternativas a veces enloquecedoras, Blanco Cordero vivió su momento estelar: se veía perseguido, adulado, adorado. Gentes de toda España y aún de todo el mundo se encontraban dispuestas a todo por conseguir hablar con él, estrechar su mano y obtener un gramo del producto milagroso.

José Ignacio abandonó durante un par de años el laboratorio y vivió con apasionamiento esa existencia. Fue su perdición. Dormía unas horas por la mañana; visitaba enfermos a altas horas de la noche, concertando citas, ora en hospitales, ora en una bolera, en casa de Amparo Bandrés o en la terraza de un café. Hablaba, hablaba y hablaba, fumando un cigarrillo tras otro, relatando una anécdota tras otra. Captaba a sus oyentes, les fascinaba, se sentían amigos, colaboradores, protectores. Por eso hay tanta gente por España que «fue su mejor amigo y confidente».

Una avioneta esperaba no se sabía dónde a que dos gorilas nos convencieran por las buenas o por las malas de que había que viajar en ella para inyectar a un prócer portugués. Otro día, un oficial de marina mercante acorralaba, pistola en mano, a la telefonista de Cruz Roja para obligarnos a tratar a su madre.

¿Hubo mercado negro de I.CE.BE.-119? De Madrid me informaron que podía obtener, pasando primero por una conocida clínica, donde, a cambio de una sustanciosa cantidad, facilitaban los «contactos» en Zaragoza.

Dos años de angustia, mientras Blanco Cordero se destrozaba en una vida excéntrica y poco práctica. Su matrimonio con Maite, de San Mateo de Gállego, pareció que remediaría la situación. A José Ignacio le encantaba San Mateo y amaba a sus gentes. Su afición a la guitarra, a la conversación por el placer de hablar, iban a encontrar en San Mateo un amable rincón donde refugiarse del caos.

Y de pronto, el final

Desde que regresara de una corta estancia en Burgos —donde comenzó Vichy a fabricar su producto—, nuestros caminos fueron divergentes. Yo seguí trabajando en Cruz Roja y él se instaló en la clínica Quirón. Parecía distanciarse de mí, aunque nunca impidió que siguiera investigando su producto. Pasaron meses sin vernos. No me invitó a su boda.

Y, de pronto, me llamó. Nos vimos en Quirón. Volvía al laboratorio. Reconocía que los dos años alejado de la investigación eran irrecuperables. Pero ya había conseguido una «segunda fase», menos densa y más administrable. Tenía grandes proyectos para el futuro.

Murió en Vigo, unas semanas después.

E. A.

Pero sin duda, el momento más crudo fue cuando un exmilitar, que fué expulsado de la Legión por desequilibrio mental, fue a punta de pistola a la Cruz Roja totalmente desesperado, en busca del Doctor, para llevarse la medicina y tratar a su madre con avanzado metástasis, o llevarse al propio Doctor secuestrado si así hiciese falta.

Lo que desembocó en una angina de pecho, alimentada por todo el estrés que había ido acumulando con "puñaladas traperas" en prensa, desconfianza entre compañeros, mentiras, envidias, resquemores, envuelto en humo de todo el tabaco que fumaba el Doctor, llegó un momento que no sabía diferenciar amigos de enemigos.

Y ver a aquel loco apuntándole en la sien con aquel frío metal fue la guinda del pastel para que su cuerpo dijese basta.

Y entre todas las situaciones de película, supuestos profesionales que velan por la salud de sus pacientes, pero en realidad se lucraban con el suministro de la droga o el contacto del paciente con el Doctor, sin él tener constancia, simplemente recibir al enfermo.

El único en quien podía confiar realmente era en Emilio Alfaro, conocido personaje público, político, médico y guionista de cine que acabaría siendo Teniente de Alcalde y Concejal del Área de Acción Social del Ayuntamiento de Zaragoza, y gran compañero de Ignacio Blanco hasta el final.

Escribía Emilio sobre el doctor Blanco y todo lo ocurrido años después de su muerte, en 1979 para el periódico Andalán, una de las columnas más viscerales, transparentes que he leído nunca, muy cercana a la figura del doctor Blanco, lo que representó y lo que podría haber representado para la historia de la medicina española:

"En los comienzos del verano de 1972, el marido de una paciente deshauciada me habló de las inyecciones de Blanco Cordero como último recurso a emplear en su esposa. Acepté una entrevista con el entonces enigmático Blanco Cordero, como condición previa a su intervención.

Apareció por nuestro hospital en compañía de su padre. Ambos eran bajitos y de modesta presencia. Conducían un seiscientos y me dieron la impresión de estar muy unidos.

Blanco Cordero, flaco, de mirada singularmente bondadosa, tardó un cuarto de hora en explicarme la base conceptual de su trabajo: es mejor regenerar la célula malignizada que destruirla. Su producto partía de que la relación fisiológica ureaglucosa es fundamental para el equilibrio orgánico.

La mejoría de aquella enferma fue sorprendente. Pero Blanco Cordero desapareció. La paciente, sin su tratamiento, fallecía en unas semanas.

Volví a encontrarme con él meses más tarde. Le ofrecí vincularse a mi servicio de Cruz Roja e, incluso, proyectamos la instalación de un laboratorio de experimentación en los sótanos del hospital. Pero volvió a desaparecer. Y yo no podía olvidar la forma en que aquella enferma había "resucitado" con cuatro o cinco inyecciones de aquel líquido denso, con fuerte olor a yodo y benzoico, que su autor extraía de un tubo de ensayo en el bolsillo superior de la americana.

QUIÉN ERA BLANCO CORDERO

Nacido en Medina de Rioseco e hijo de un catedrático de dibujo, postergado en el régimen de Franco por vinculaciones con la República, José Ignacio Blanco Cordero cursó Medicina en la Universidad de Madrid, en medio de estrecheces económicas. Durante unos años trabajó en la Cátedra de fisiología del profesor Tamarit y en contra de las calumnias de algunos detractores no sólo era médico, sino doctor en Medicina y Cirugía.

Cuando le conocí, Blanco Cordero ejercía a temporadas la Medicina Interna y, mientras tanto, elaboraba lo que iba a ser el más polémico producto anticanceroso empleado en España a título experimental, en un moedsto

laboratorio instalado en el cuarto de baño de su casa madrileña de General Ricardos. Al poco tiempo de empezar a emplearlo, gentes de todas las condiciones bloqueaban su teléfono en demanda de ayuda. Blanco Cordero acudía a la cabecera del enfermo -casi siempre en período terminal- y, después de una conversación sobre cualquier tema, inyectaba con todo cuiaddo uno o dos centímetros cúbicos de I.CE.BE. 119. **Y el enfermo mejoraba.**

Blanco Cordero jamás cobró honorarios por su tratamiento.

DE FRANCOTIRADOR A LOS GRANDES LABORATORIOS

Así eran las cosas cuando Orbe Cano, gobernador civil de Zaragoza, interesado por el caso Blanco Cordero, le conseguía trabajo en el Instituto Ulta de Investigación, en el que, según me confesó, estuvo perdiendo el tiempo. Poco después firmaba contrato con Laboratorios Casen. La cosa, esta vez, iba en serio. En Casen se estudió la toxicidad del I.CE.BE., se realizaron experiencias en ratas y cobayas y se obtuvo un esperanzador trabajo sobre embrión de pollo.

Pero el trabajo de la familia Roncalés y del propio Blanco Cordero estaba condenado al fracaso teórico. Pese a mi oposición, que basaba en los escasos datos que podíamos ofrecer sobre la farmacodinámica del I.CE.BE.-119, Casen solicitaba pruebas clínicas del producto a la Dirección general de Sanidad.

En la primavera de 1973 estalló la bomba: en Zaragoza se autorizaba el empleo experimental de una nueva droga anticancerosa. El estado preagónico de los pacientes (llegados de toda España), el desorden que reinó en las pruebas y la indiferencia o los prejicios de muchos de quienes intervinieron en ellas acabaron con las ilusiones de los Roncalés y de Blanco Cordero.

Sin embargo, un par de semanas después de que Casen rescindiera el contrato suscrito con el desalentado investigador, Laboratorios Vichy -una de las grandes industrias mundiales de cosmética y dermofarmacia- extendía un nuevo documento de colaboración. Y desde agosto de 1973, hasta la fecha (1979), Vichy rige los destinos del I.CE.BE.

AMIGOS Y ENEMIGOS

Desde que pisó Zaragoza por primera vez, Blanco Cordero vió brotar amigos a su lado. Blanca Mar, directora del Colegio Hispano-Americano, además de montarle un laboratorio en el colegio, llamó en todas las puertas oficiales, luchó con ahinco, organizó una auténtica consulta en el entonces Hotel Ruiseñores e introdujo a Blanco Cordero en el Palacio de la Zarzuela, interesando seriamente a los príncipes de España en la gran aventura de Blanco Cordero.

Un hombre que nada tenía que ver con la Medicina, José Antonio Pascual (y como él, tantos otros), comenzaba también a participar en la promoción del I.CE.BE.-119. Pascual figuraba como secretario de Blanco Cordero y participó en el registro del producto en la Oficina de Patentes y Marcas. Otro amigo, Desiderio Nájera, maestro nacional, le ocultaba a veces en su propio domicilio cuando la situación se hacía caótica.

Joaquín López, técnico de electricidad del automóvil y gerente de una conocida bolera, intervenía también en el complicado entramado humano que se fue tejiendo en torno al I.CE.BE.-119. Joaquín recibía de madrugada a familiares de cancerosos, concertando citas con Blanco Cordero en medio del estruendo de los bolos.

Dos mujeres merecen, junto con Blanca Mar, mención aparte: Paquita Ors y Amparo Bandrés. La primera, farmacéutica, puso a disposición de Blanco Cordero toda una red de amistades en los medios de comunicación. Estos contactos, unidos al espontáneo interés que suscitaba su "caso" hicieron de Blanco Cordero una noticia constante a escala nacional. En casa de Paquita Ors, por ende, se realizó la firma del contrato "pro forma" con Vichy.

Amparo Bandrés o la gratitudo. Amparo, hacia 1971, había sido diagnosticada de linfosarcoma. Se le propuso extirpación del bazo y radiaciones, con un pronóstico de lo más sombrío. Fue tratado por Blanco Cordero y en la actualidad, ocho años más tarde, vive y goza de buena salud (Recordemos que fue escrito en 1979, en la actualidad, Amparo sigue disfrutando de su vida).

Amparo regaló a su salvador un Ford "Capri" y, pese a importantes reveses económicos, ha dedicado energías y fondos, con tacto y discreción la mayoría de las veces, y con increíble vigor cuando ha hecho falta, a la reivindicación de la obra de Blanco Cordero. Amparo es hoy el nexo de unión entre pacientes, familiares, amigos y admiradores del desaparecido autor del I.BE.CE.

Algunos médicos estuvimos al lado de Blanco Cordero en los momentos de angustia: Fernando Tormo, José María Sebastían Cabeza y yo.

¿Enemigos? Quizá la palabra sea excesiva, pero Blanco Cordero suscitó al desdén y aún la santa indignación de los sabios oficiales. El informe de 1973 del doctor Carda Aparici, director entonces del Instituto Nacional de Oncología, destila una indisimulada hostilidad que va más allá de lo científico.

En Zaragoza, el único establecimiento sanitario de importancia que no solicitó pruebas clínicas con I.CE.BE.-119 fue el Centro Regional de Oncología, dependiente de la Asociación Provincial contra el Cáncer, cuyo presidente era Cuenca Villoro, de cuya industria -Ulta- se había largado aburrido Blanco Cordero. Unas venenosas declaraciones aparecidas en "Heraldo de Aragón" y atribuidas a Cuenca Villoro, nos impulsaron a una querella en los tribunales y a una denuncia en la comisión deontológica del Colegio de Médicos.

DOS AÑOS DE ANGUSTIA

Desde que apareció la primera noticia sobre el I.CE.BE.-119 en la prensa, Blanco Cordero comenzó a vivir una pesadilla que, casi inmediatamente, iba a compartir yo, a raíz de mi primer informe aparecido en junio de 1973 en "Tribuna Médica" de Madrid. Las llamadas telefónicas, las irrupciones en las consultas de Cruz Roja, los asaltos en plena calle y las visitas en nuestros domicilios no cesaron a lo largo de dos años. Las anécdotas de aquel tiempo llenarían todo el espacio de este semanario.

Junto al matrimonio de Albacete que vino caminando a Zaragoza para obtener una ampolla del I.CE.BE.-119, los hijos del presidente del consejo de administración de determinada multinacional, con cheque en blanco en la mano. Tras el embaucador que pretendía asociarse con José Ignacio, el padre que aguarda dos días con respectivas noches a la puerta de su domicilio para pedirle que viajara a Caracas en auxilio de su hija.

Para juzgar el papel que el Hospital de Cruz Roja jugó en las experiencias y en la investigación del I.CE.BE.-119, bastará con decir que, durante meses, todas sus camas fueron bloqueadas por pacientes de Blanco Cordero. Incluso en la habitación del médico de guardia hubo enfermos en tratamiento.

En esta atmósfera, con zozobras constantes, con alternativas a veces enloquecedoras, Blanco Cordero vivió su momento estelar: se veía perseguido, adulado, adorado. Gentes de toda España y aún de todo el mundo se encontraban dispuestas a todo por conseguir hablar con él, estrechar su mano y obtener un gramo del producto milagroso.

José Ignacio abandonó durante un par de años el laboratorio y vivió con apasionamiento esa existencia. Fue su perdición. Dormía unas horas por la mañana; visitaba enfermos a altas horas de la noche, concertando citas ora en hospitales, ora en una bolera, en casa de Amparo Bandrés o en la terraza de un café. Hablaba, hablaba y hablaba, fumando un cigarrillo tras otro, relatando una anéctoda tras otra. Captaba a sus oyentes, les fascinaba, sensentían amigos, colaboradores, protectores. Por eso hay tanta gente por España que "fue su mejor amigo y confidente".

Una avioneta esperaba no se sabía dónde a que dos gorilas nos convencieran por las buenas o por las malas de que había que viajar en ella para inyectar a un prócer portugués. Otro día, un oficial de marina mercante acorralaba, pistola en mano, a la telefonista de Cruz Roja para obligarnos a tratar a su madre.

¿Hubo mercado negro de I.CE.BE.-119? De Madrid me informaron que podía obtener, pasando pirmero por una conocida clínica, donde, a cambio de una sustanciosa cantidad, facilitaban los "contactos" en Zaragoza.

Dos años de angustia, mientras Blanco Cordero se destrozaba en una vida excéntrica y poco práctica. Su matrimonio con Maite, de San Mateo de Gállego, pareció que remediaría la situación. A José Ignacio le encantaba San Mateo y amaba a sus gentes. Su afición a la guitarra, a la conversación por el placer de hablar, iban a encontrar en San Mateo un amable rincón donde refugiarse del caos.

Y DE PRONTO, EL FINAL

Desde que regresara de una corta estancia en Burgos -donde comenzó Vichy a fabricar su producto-, nuestros caminos fueron divergentes. Yo seguí trabajando en Cruz Roja y él se instaló en la clínica Quirón. Parecía distanciarse de mí, aunque nunca impidió que siguiera investigando su producto. Pasaron meses sin vernos. No me invitó a su boda.

Y, de pronto, me llamó. Nos vimos en Quirón. Volvía al laboratorio. Reconocía que los dos años alejado de la investigación eran irrecuperables. Pero ya había conseguido una "segunda fase", menos densa y más administrable. Tenía grandes proyectos para el futuro.

Murió en Vigo, unas semanas después."

El propio Xavier Cugat contactó con él en persona para que urgentemente tratara a su amiga Betty Grable, enferma de cáncer de pulmón. A lo que el Doctor tuvo que negarse al no poder viajar teniendo tantísimo trabajo aquí. Como hemos comentado antes, Ignacio no contaba el dinero, contaba en personas. Y eso era lo más valioso del Doctor, él sabía lo que era vivir sin recursos y repudiado injustamente, como los enfermos desahuciados sin esperanzas. Su misión era limpiar esa mancha.

Pues bien, Xavier e Ignacio quedaron para tratar a Betty lo antes posible, pero no podía abandonar inmediatamente su puesto, tenía mucho que hacer aún. ¿Sabéis cómo desenlazó esta historia?

Efectivamente, Betty Grable murió semanas después con un avanzado cáncer de pulmón. Otro golpe más para el Doctor, sumado a lo que desembocaría en la angina de pecho.

Xavier Cugat también buscó a Blanco Cordero (a su derecha en la foto): pretendía salvar del cáncer a su amiga Betty Grable.

Los «números» del famoso doctor Rosado en Televisión, han hecho que numerosos medios informativos hayan dedicado amplios espacios a ésta y otras suertes de «medicinas fantásticas» que se ejercen en este país, que, por lo visto, todavía prefiere la espectacularidad de los brujos a la silenciosa labor de los investigadores. En alguno de estos trabajos periodísticos se ha incluido, como una «medicina fantástica más», el en otros tiempos famoso I.Be.Ce. y a su descubridor, el malogrado José Ignacio Blanco Cordero. Para poner las cosas en su exacto lugar y porque con la esperanza de miles de enfermos de cáncer no se juega, el doctor Alfaro, amigo y colaborador de Blanco Cordero, cuenta para los lectores de ANDALAN la historia y el estado actual de las investigaciones en torno al citado fármaco, que durante varios años se desarrollaron en Zaragoza.

El I.BE.CE.

Algo más que «medicina fantástica»

Emilio Alfaro

En los comienzos del verano de 1973, el marido de una paciente desahuciada me habló de las inyecciones de Blanco Cordero como último recurso a emplear en su esposa. Acepté una entrevista con el enigmático Blanco Cordero, como condición previa a su intervención.

Apareció por nuestro hospital en compañía de su padre. Ambos eran bajitos y de modesta presencia. Coincidían en sus opiniones y me dieron la impresión de estar muy unidos.

Blanco Cordero, flavo, de mirada singularmente bondadosa, tardó un cuarto de hora en explicarme la base conceptual de su trabajo: el mayor respeto a la célula malignizada que destruirla, ya que producto parte de que la relación fisiológica arruga, es fundamental para el equilibrio orgánico.

La mayoría de aquella enferma fue sorprendente. Pero Blanco Cordero desapareció. La paciente, sin su tratamiento, falleció en unas semanas.

Volví a encontrarme con él meses más tarde. Le ofrecí vincularme a mi servicio de Cruz Roja e, incluso, proyectándole la instalación de un laboratorio de experimentación en los sótanos del hospital. Pero volvió a desaparecer. Y no podía olvidar

Quién era Blanco Cordero

Nació en Medina de Ríoseco e hijo de un catedrático de dibujo, postergado en el régimen de Franco por vinculaciones con la República. José Ignacio Blanco Cordero cursó Medicina en la Universidad de Madrid, se mediodía de estrecheces económicas. Durante unos años trabajó en la Cátedra de Fisiología del profesor Tamarit, y en tierra de las calomnias de algunos detractores no sólo era médico, sino doctor en Medicina y Cirugía.

Cuando de coronel, Blanco Cordero sirvió a temporadas en Medicina Interna y, mientras tanto, elaboraba lo que iba a ser el más polémico producto anticanceroso empleado en España a título experimental, en un modesto laboratorio instalado en el cuarto de baño de su casa madrileña de General Ricardos. Al poco tiempo de empezar a simplicidad, gentes de todas las condiciones bloqueaban su teléfono de demanda de ayuda. Blanco Cordero acudía a la cabecera del enfermo «casi siempre en período terminal—», después de una conversación sobre cualquier tema, inyectaba con sólo cuidado uno o dos centímetros cúbicos de I.CE.BE.-119. Y si enferma mejoraba, Blanco Cordero jamás cobró honorarios por su tratamiento.

De francotirador a los grandes laboratorios

Así ezan las cosas cuando Orbe Cano, gobernador civil de

la forma en que aquella enferma había «resucitado» con cuatro o cinco inyecciones de aquel líquido denso, con fuerte olor a yodo y benzoico, que su autor extraía de un tubo de ensayo en el bolsillo superior de la americana.

Xavier Cugat también buscó a Blanco Cordero (a su derecha en la foto) pretendía salvar del cáncer a su amiga Betty Grable.

Zaragoza, interesado por el caso Blanco Cordero, le consiguió trabajo en el Instituto Ulta de Investigación, en el que, según me confesó, estuvo perdiendo el tiempo. Poco después firmaba contrato con Laboratorios Casen. La cosa, está ver, iba en serio. En Casen se estudió la toxicidad del I.CE.BE., se realizaron experiencias en ratas y cobayas y se obtuvo un esperanza-

dor trabajo sobre embrión de pollo.

Pero el trabajo de la familia Roncalés y del propio Blanco Cordero estaba condenado al fracaso teórico. Pese a su oposición, que basaba en los escasos datos que podíamos ofrecer sobre la farmacodinámica del I.CE.BE.-119, Casen solicitaba pruebas clínicas del producto a la Dirección General de Sani-

dad. En la primavera de 1973 estalló la bomba: en Zaragoza se autorizaba el empleo experimental de una nueva droga anticancerína. El estado prosiguió de los pacientes (llegados de toda España), el disorden que reinó en las pruebas y la indiferencia o los prejuicios de muchos de quienes intervinieron en ella acabaron con las ilusiones de los Roncalés y de Blanco Cordero.

Sin embargo, un par de tenunas después de que Casen rescindiera el contrato suscrito con el desalentado investigador, Laboratorios Vichy, una de las grandes industrias mundiales de cosmética y dermofarmacia, extendió un nuevo documento de colaboración. Y desde agosto de 1973, hasta la fecha, Vichy rige los destinos del I.CE.BE.

Amigos y enemigos

Desde que pisó Zaragoza por primera vez, Blanco Cordero vio brotar amigos a su lado. Blanco Mar, director del Colegio Hispano-Americano, ofrecióle de montarle un laboratorio en el colegio, llamó en todas las puertas oficiales, buscó con ahínco, organizó una sedimiento consulta en el colomera Hotel Romahotel e introdujo a Blanco Cordero en el Palacio de la Zarzuela, interesando seriamente a los príncipes de España en la gran aventura de Blanco Cordero.

Un hombre que bien sabía que ver con la Medicina, José Antonio Pascual, comentado también a participar en la promoción del I.CE.BE.-119. Pascual figuraba como secretario de Blanco Cordero y participó en el registro del producto en la Oficina de Patentes y Marcas. Otro amigo, Desiderio Najera, maestro nacional, le acuñaba a veces en su propio domicilio

(Pasa a la página 6)

Librería

Contratiempo

Calle Maestro Marquina 5
Teléfono: 37 97 05

Lo que sabemos hoy del I.BE.CE.

Se trata de una suspensión coloidal en equilibrio dinámico. Existen valoraciones semicuantitativas de ácido benzoico, urea libre, glucosa libre, mucopolisacáridos y diglucosáliteras. Hay valoraciones cuantitativas de dichos componentes; Determinaciones de la densidad, de la viscosidad, del índice de acidez; Dosificaciones del yoduro, del sodio libre, del sulfato, del magnesio, del sodio, del azoad, del agua, de la urea total por el nitrógeno, de la glucosa y del potasio; Toxicidad prácticamente nula; Actividad anticoagulante; Actividad antiinflamatoria; Actividad mitótica; Inactividad sobre el sistema nervioso; Modificaciones sustanciales en el comportamiento de los tumores experimentales implantados en los embriones de po-

llo tratados con el producto I.BE. CE.; Mejoría casi general de los pacientes humanos tratados, cualquiera que fuera su estado. Téngase en cuenta que sólo se han probado referencias desfavorables: Supervivencia de más de cinco años de numerosos pacientes; Desaparición completa de algunos tumores (caso, por ejemplo, de don Manuel Ventosa, de Almazán); acción positiva sobre el aneto hemorrágica; Vías de administración: endovenosa (vía de elección por autorradiografía) o vía aerosoles; Contraindicación: insuficiencia renal; Incompatibilidades: ninguna. Efectos paradójicos al almacenamiento de las jefas de I.Bazquier, hasta tal límite de inactivación, que una bien podía haberse solicitado al profesor Vera Gil, de nuestra Universidad de Zaragoza, cuyo prestigio internacional en materia

Qué falta por investigar

Dos estudios faltan para identificar con cierto rigor las características y los mecanismos del I.BE.CE. sus farmacodinamia y farmacocinética y realización a través de los estudios clínicos. Pero la intuición no basta.

Hace algo más de dos años promover a Vicky el marcaje de la substancia activa del I.BE.CE. con tritio radiactivo, estudiando luego por autorradiografía su vías de absorción, distribución y eliminación. Parecía que los grandes de autorradiografía se manifiesta en el último congreso de Estocolmo.

Aún estoy esperando el comienzo de los trabajos. Sin embargo, constituirían la antesa vía de acceso a la farmacodinámica y a la farmacocinética del I.BE.CE. y, por lo tanto, a su definitivo registro como fármaco recetable.

Mi contribución personal

A lo largo de nueve años, y a trancas y barrancas, he trabajado con el I.BE.CE. de Blanco Cordero. Mi especialidad —Ginecología— es clínica y, en consecuencia, me he visto obligado a realizar química y farmacología desesperadamente. Mi primer informe sobre los efectos clínicos inmediatos

del producto de Blanco Cordero fue publicado en «Tribuna Médica», de Madrid, en junio de 1973. El segundo y tercer informes aparecieron en Septiembre y Octubre de 1974, también en «Tribuna Médica».

En síntesis, mis aportaciones al estudio y al desarrollo de esta substancia se resumen de la manera siguiente:

— Posibilidad de administrar el producto por vía endovenosa, en perfundido.

— Hallazgos de la administración por aerosoles en procesos tumorales broncopulmonares y en asma bronquial.

— Definición química del producto.

— Descubrimiento de la única contraindicación demostrada: la insuficiencia renal.

Los «números» del famoso doctor Rosado en Televisión, han hecho que numerosos medios informativos hayan dedicado amplios espacios a ésta y otras suertes de «medicinas fantásticas» que se ejercen en este país, que, por lo visto, todavía prefiere la espectacularidad de los brujos a la silenciosa

labor de los investigadores. En alguno de estos trabajos periodísticos se ha incluido, como una «medicina fantástica» más, al en otros tiempos famoso I.Be.Ce. y a su descubridor, el malogrado José Ignacio Blanco Cordero. Para poner las cosas en su exacto lugar y porque con la esperanza de miles de

enfermos de cáncer no se juega, el doctor Alfaro, amigo y colaborador de Blanco Cordero, cuenta para los lectores de ANDALAN la historia y el estado actual de las investigaciones en torno al citado fármaco, que durante varios años se desarrollaron en Zaragoza.

En los comienzos del verano de 1972, el marido de una paciente desahuciada me habló de las inyecciones de Blanco Cordero como último recurso a emplear en su esposa. Acepté una entrevista con el entonces enigmático Blanco Cordero, como condición previa a su intervención.

Apareció por nuestro hospital en compañía de su padre. Ambos eran bajitos y de modesta presencia. Conducían un seiscientos y me dieron la impresión de estar muy unidos.

Blanco Cordero, flaco, de mirada singularmente bondadosa, tardó un cuarto de hora en explicarme la base conceptual de su trabajo: es mejor regenerar la célula malignizada que destruirla. Su producto partía de que la relación fisiológica ureaglucosa es fundamental para el equilibrio orgánico.

La mejoría de aquella enferma fue sorprendente. Pero Blanco Cordero desapareció. La paciente, sin su tratamiento, fallecía en unas semanas.

Volví a encontrarme con él meses más tarde. Le ofrecí vincularse a mi servicio de Cruz Roja e, incluso, proyectamos la instalación de un laboratorio de experimentación en los sótanos del hospital. Pero volvió a desaparecer. Y yo no podía olvidar la forma en que aquella enferma había «resucitado» con cuatro o cinco inyecciones de aquel líquido denso, con fuerte olor a yodo y benzoico, que su autor extraía de un tubo de ensayo en el bolsillo superior de la americana.

Quién era Blanco Cordero

Nacido en Medina de Rioseco e hijo de un catedrático de dibujo, postergado en el régimen de Franco por vinculaciones con la República, José Ignacio Blanco Cordero cursó Medicina en la Universidad de Madrid, en medio de estrecheces económicas. Durante unos años trabajó en la Cátedra de Fisiología del profesor Tamarit y en contra de las calumnias de algunos detractores no sólo era médico, sino doctor en Medicina y Cirugía.

Cuando le conocí, Blanco Cordero ejercía a temporadas la Medicina Interna y, mientras tanto, elaboraba lo que iba a ser el más polémico producto anticanceroso empleado en España a título experimental, en un modesto laboratorio instalado en el cuarto de baño de su casa madrileña de General Ricardos. Al poco tiempo de empezar a emplearlo, gentes de todas las condiciones bloqueaban su teléfono en demanda de ayuda. Blanco Cordero acudía a la cabecera del enfermo —casi siempre en período terminal— y, después de una conversación sobre cualquier tema, inyectaba con todo cuidado uno o dos centímetros cúbicos de I.CE.BE. 119. Y el enfermo mejoraba. Blanco Cordero jamás cobró honorarios por su tratamiento.

De francotirador a los grandes laboratorios

Así eran las cosas cuando Orbe Cano, gobernador civil de

Zaragoza, interesado por el caso Blanco Cordero, le conseguía trabajo en el Instituto Ulta de Investigación, en el que, según me confesó, estuvo perdiendo el tiempo. Poco después firmaba contrato con Laboratorios Casen. La cosa, esta vez, iba en serio. En Casen se estudió la toxicidad del I.CE.BE., se realizaron experiencias en ratas y cobayas y se obtuvo un esperanza-dor trabajo sobre embrión de pollo.

Pero el trabajo de la familia Roncalés y del propio Blanco Cordero estaba condenado al fracaso teórico. Pese a mi oposición, que basaba en los escasos datos que podíamos ofrecer sobre la farmacodinámica del I.CE.BE.-119, Casen solicitaba pruebas clínicas del producto a la Dirección General de Sani-dad. En la primavera de 1973 estalló la bomba: en Zaragoza se autorizaba el empleo experimental de una nueva droga anticancerosa. El estado preagónico de los pacientes (llegados de toda España), el desorden que reinó en las pruebas y la indiferencia o los prejuicios de muchos de quienes intervinieron en ellas acabaron con las ilusiones de los Roncalés y de Blanco Cordero.

Sin embargo, un par de semanas después de que Casen rescindiera el contrato suscrito con el desalentado investigador, Laboratorios Vichy —una de las grandes industrias mundiales de cosmética y dermofarmacia— extendía un nuevo documento de colaboración. Y desde agosto de 1973, hasta la fecha, Vichy rige los destinos del I.CE.BE.

Amigos y enemigos

Desde que pisó Zaragoza por primera vez, Blanco Cordero vio brotar amigos a su lado. Blanca Mar, director del Colegio Hispano-Americano, además de montarle un laboratorio en el colegio, llamó en todas las puertas oficiales, luchó con ahínco, organizó una auténtica consulta en el entonces Hotel Ruiseñores e introdujo a Blanco Cordero en el Palacio de la Zarzuela, interesando seriamente a los príncipes de España en la gran aventura de Blanco Cordero.

Un hombre que nada tenía que ver con la Medicina, José Antonio Pascual, comenzaba también a participar en la promoción del I.CE.BE.-119. Pascual figuraba como secretario de Blanco Cordero y participó en el registro del producto en la Oficina de Patentes y Marcas. Otro amigo, Desiderio Nájera, maestro nacional, le ocultaba a veces en su propio domicilio

Para entonces, su rostro aniñado, su actitud paciente, había cambiado completamente en un par de cortos pero intensos años. Todos los intentos por hundirle le habían sumido en una oscuridad, en una represión de sus propios sentimientos que le estaba haciendo mella en su mente.

Que te corten los frenos del coche o intenten acabar con tu trabajo, tus descubrimientos de las maneras más inverosímiles no se ve todos los días. Incluso por miedo tuvo que ir durmiendo en casas de diferentes amigos en numerosas ocasiones.

Le asaltaban en la bolera de su amigo Joaquín, por lo que entre ruidos de bolos trataba a algunas personas, en la terraza de un café, en una casa ajena a las 4 de la madrugada. El Doctor Ignacio Blanco Cordero tenía una misión clara, y no descansaría hasta conseguir ayudar a todo el mundo posible.

Pero, retomando desde el presente, aguantó durante semanas llegadas en masa a la puerta de su casa buscando el tratamiento, aderezado con el último momento antes de que su corazón se parara por unos instantes en consecuencia de una ASTRA-700 de 9mm largo en el lateral de su cabeza.

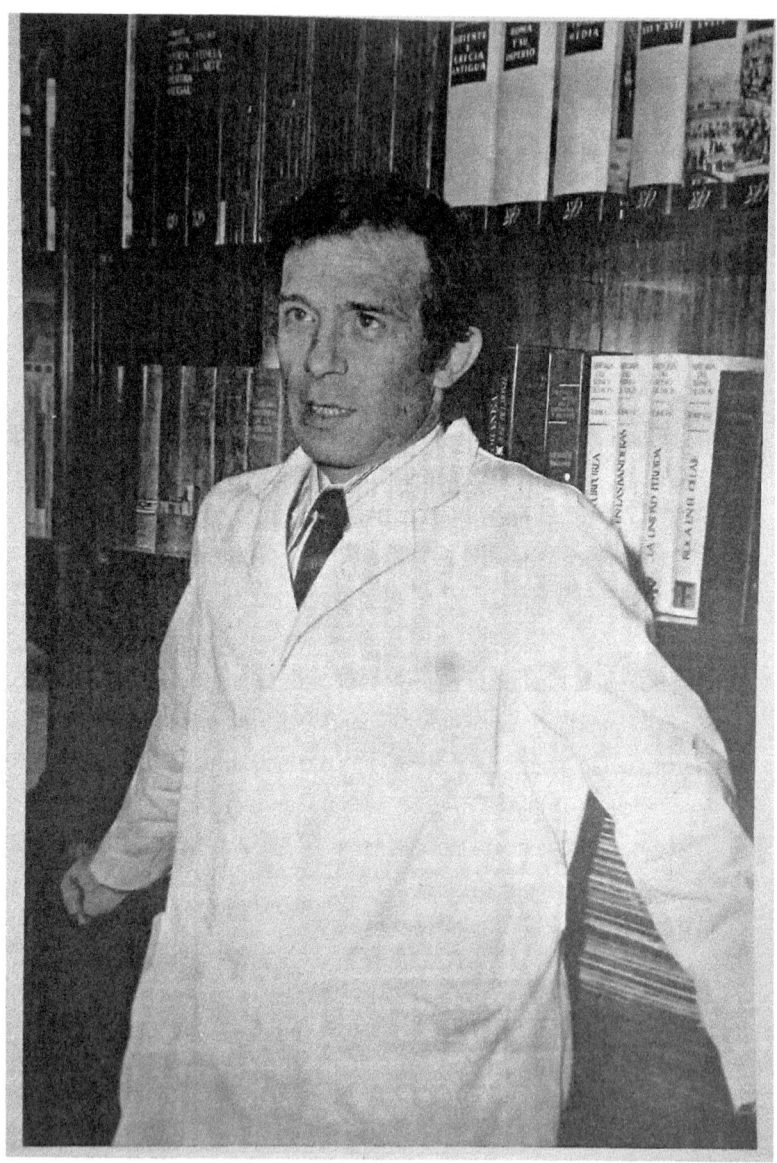

En 1972 se recuperó. Y nada más salir del hospital, Ignacio decidió desaparecer. Ni la prensa sabía de su paradero, ni sus amigos, ni sus detractores más clasistas, compañeros de profesión, ni sus pacientes, ni Casen, ni siquiera Emilio Alfaro. Se esfumó, durante meses.

La leyenda cuenta que se fué a Francia o Alemania. Otros dicen que volvió a Estados Unidos. El caso es que cuando volvió a aparecer, su contrato con Casen finalizó, la situación se había enfriado y lo más importante, había conocido a la que sería su mujer un año después. María Teresa Basguas. Ella consiguió arreglar ese corazón maltrecho, apaleado y volver a darle vida, encender la chispa.

El Doctor Blanco había vuelto, estaba preparado, pero él lo que realmente quería era descansar, así que estuvo tratando pero a un ritmo más pausado. Después de casarse en una boda muy discreta, se refugió con su mujer en San Mateo de Gállego, provincia de Zaragoza.

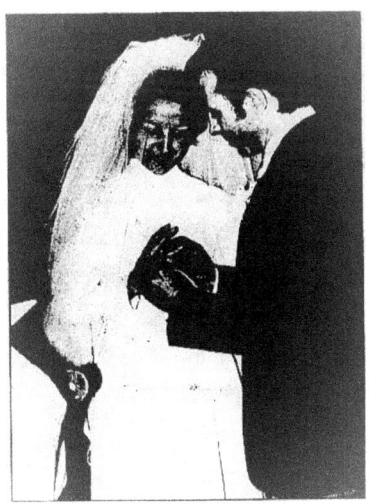

El periodista Eliseo Bayo añadía al final de una de sus entrevistas sus conclusiones después de contactar varias veces con el Doctor Blanco y tratar con él todo tipo de temas durante horas, narra así su análisis:

"Yo no sé si llegué a conocer alguna vez al doctor Blanco. Me sucede lo mismo que a alguno de ustedes. Los sueños, a veces, suplen lo que no obtengo en la realidad, y mis mejores amigos no tienen rostro concreto, no figura su nombre en el listín de teléfonos. Vienen con las sombras y se marchan cuando han dejado su mensaje.

Es evidente que yo estuve en Zaragoza, que pasé noches en blanco hablando -como si fuera un sueño- con un hombre acorralado. Yo me sentí culpable por tener un magnetofón y un bolígrafo y unas cuartillas. Me sentí avergonzado de ser, según él me confesaba, su "última tabla de salvación". Yo quería ser para él un amigo. Y necesitaba pruebas. Pero el hombrecillo despellejado me abrumaba con datos y con historias clínicas, cómo descubrió el medicamento, qué largo proceso intelectual siguió, cómo anduvo de puerta en puerta ofreciendo su hallazgo, cómo empezó a fabricarlo en su casa y con qué golpes fue vapuleado.

Nombres recobrados de la muerte. Una larga serie de ataúdes vacíos. ¿No es así, Amparo Bandrés? Éxitos asombrosos en curaciones no ya del cáncer, sino de pavorosas heridas que cicatrizaron con el famoso producto. Yo me sentí humillado. No quería ser testigo de la muerte científica del que había luchado contra la muerte

¡Qué! ¿En razón de tener un magnetofón y un bolígrafo y unas cuartillas se me pedía "objetividad" y "fiscalización"? Preferí

149

equivocarme. Entregarme al sueño y pensar que era testigo del nacimiento de un héroe. Después, el silencio. Desde hace tres semanas marco dos veces al día el número del teléfono que me unía al doctor Blanco. Nadie contesta. Para no enloquecer, un día haré públicas las cintas magnetofónicas. ¿A quién pueden perjudicar ya?".

El doctor don José Ignacio Blanco Cordero, falleció ayer en Vigo, horas después de su llegada a esta ciudad, víctima de un infarto de miocardio.

El doctor Blanco Cordero, nació en Medina de Rioseco (Valladolid) hace 41 años. Inventor y promotor de la droga contra el cáncer conocida como «I.C.E.B.E. 119», desarrolló sus actividades científicas en Zaragoza, hasta los últimos tiempos en que se encontraba retirado en San Mateo de Gállego, pueblo natal de su esposa y localidad en la que continuaba sus trabajos de perfeccionamiento. Había llegado a Vigo, en la noche del miércoles, en compañía de su esposa e hija de tres meses, procedentes de Riaza (Segovia), donde vive su familia. Los restos mortales del doctor Blanco Cordero fueron trasladados ayer desde Vigo a San Mateo de Gállego, donde llegaron a últimas horas de la tarde de ayer, con el fin de darle sepultura en esta localidad.

1972, su llegada a Zaragoza

El doctor Alfaro, quien desempeña su labor profesional en la Cruz Roja, en Zaragoza, fue su más íntimo amigo y colaborador durante los primeros y más duros años de la experiencia del doctor Blanco Cordero. Nadie mejor que él para darnos su visión de un hombre, que indudablemente merece hoy una dedicación especial, en la ciudad donde dejó el resultado de sus primeros esfuerzos y éxitos:

—Conocí a José Ignacio Blanco Cordero en el año 1972, con motivo de una enferma mía incurable. Su marido me habló del profesor Blanco Cordero y su droga; yo no le conocía personalmente ni tenía conocimiento de su trabajo, pero no tuve inconveniente en que interviniese en el caso. Cuando le vi y le traté, me pareció un hombre muy interesante y que atravesaba un momento muy malo en todos los aspectos de su vida. Le ofrecí trabajar aquí, en la Cruz Roja conmigo, e incluso le insistí para que lo hiciera. Entonces desapareció y ya no volví a verle hasta primeros del año 1973; le encontré entonces, cuando había firmado un contrato con unos laboratorios de Zaragoza; no tenía sitio donde ingresar a sus enfermos y yo le ofrecí de nuevo trabajar en la Cruz Roja: así empezamos a trabajar juntos.

El doctor Alfaro interrumpe la narración para comentarnos cómo, tras una íntima amistad, ha tenido conocimiento esta mañana, cuando viajaba en su coche por carretera; la radio del coche le ha dado la noticia de su muerte.

—En julio de 1973 publiqué en «Tribuna Médica» de Madrid, el primer informe sobre el trabajo del doctor Blanco Cordero, y a los dos años aproximadamente, publiqué el segundo informe en la misma revista médica. Trabajamos juntos durante el año 1973 y parte de 1974.

»Fue entonces cuando el doctor Blanco Cordero se marchó a la Clínica Quirón, donde se han desarrollado sus últimas actividades.

»Continuamos viéndonos y la amistad creció. La última vez que le vi, hace unos meses, fue en la Clínica Quirón, cuando José Ignacio estaba allí, esperando el nacimiento de su hija.

Una angina de pecho en 1973

El doctor Alfaro continúa dando la visión del doctor Blanco Cordero, ahora como hombre que llegó hasta una muerte prematura:

—Creo que su muerte ha sido consecuencia de la tensión en que se ha mantenido durante estos años. Lo ha matado su trabajo, su ilusión por el descubrimiento, los sacrificios, desilusiones, y sobre todo su carácter. Ya en 1973 tuvo una angina de pecho, de la que se recuperó. Su carácter era muy propicio a este tipo de trances. Se dominaba mucho y estaba siempre en tensión nerviosa y en angustia continua. Al no exteriorizar sus sentimientos, iba creando un «strech» que ha terminado en esto.

El famoso descubridor de la droga I.B.E.CE. contra el cáncer, el día de su boda en San Mateo de Gállego

- **El doctor Alfaro habla como "íntimo amigo y compañero de trabajo"**
- **"Si su trabajo no se continúa será uno de los fracasos más grandes de la investigación española"**

La difusión en Zaragoza

Un alto en la conversación con el doctor Alfaro, para únicamente recordar lo que Zaragoza conoció en 1973: la noticia del fármaco descubierto por el doctor Blanco Cordero. Pronto se extendió la noticia por toda España y empezó a despertar las ilusiones en miles de enfermos ya sin curación. Se administró la primera dosis y los enfermos acudieron en masa al tratamiento. Los resultados fueron diversos, entre las curaciones asombrosas hasta la mejoría de los enfermos. En seis centros zaragozanos se utilizó el tratamiento y sigue utilizándose, con resultados positivos. Fuera de España salió el descubrimiento poniéndose en práctica en varios países. El doctor Blanco Cordero pasaba su tiempo en San Mateo de Gállego últimamente, llevando perfeccionamientos a la droga y alternándolo con la práctica en la ciudad.

En el exterior, unos laboratorios multinacionales iniciaron su fabricación, denominándolo entonces «I.B.C.», iniciales del profesor Blanco.

Las dificultades

En el año 1968 fue cuando comenzaron las dificultades, una vez descubierta la droga. Los apoyos solicitados eran negativos, rodeado siempre de una fuerte oposición. Gestiones y más gestiones inútiles, hasta el comienzo en Zaragoza, donde no por eso cesaron las dificultades, pero sí al menos se inició la difusión y conocimiento del tratamiento. El doctor Blanco Cordero ha muerto, pero su descubrimiento continúa, sin que él pueda ver el desenlace de lo que aún continúa siendo polémica. El doctor Alfaro opina sobre ese futuro:

—La continuidad de las investigaciones es algo que debe decidir la familia y los laboratorios. Yo fui el único que conocí bien su producto, científicamente. Da miedo pensar en volver a la tensión de entonces, pero creo que si la experiencia y el estudio del «IBC», como ahora se denomina, concluyen, será uno de los más grandes fracasos de la investigación española. Conozco bien su producto y fui el único que publicó estudios científicos sobre los trabajos del profesor Blanco Cordero; creo que hay que perfeccionarlo, y es muy importante desde el punto de vista teórico y práctico, el que haya una prueba de más de 500 enfermos, que demuestren la importancia de las investigaciones y la necesidad de continuarlas. Sólo quiero decir que si se hace alguien con la investigación, creo que debe ser una persona muy cualificada.

El doctor Alfaro tiene sus últimas palabras para opinar sobre las dificultades con que el profesor Blanco Cordero pudo encontrarse:

—Su error fue rodearse de personas no profesionales, que le fomentaron e hicieron a su alrededor una labor publicitaria, un trabajo de relaciones públicas que no le favorecieron nada. Su labor debe ser continuada, pero seriamente, por personas que puedan ser capaces de sacar adelante este descubrimiento único, del que nunca será bastante el reconocimiento. •

155

Se dedicaba a charlar con los lugareños del pueblo, tocar la guitarra y jugar a las cartas. Además de disfrutar de su esposa. Eran tiempos tranquilos, deseados y precisos. Atendía llamadas, pero ya tenía un equipo que funcionaba a sus órdenes, un laboratorio que producía en masa su producto y la confianza de los pacientes. Lo único que el Doctor no controlaba es que la otra cara, la envidia de sus "competidores" y la "mafia" que trataba su droga estaba creciendo más y más sin su presencia. Ya tenían libre albedrío para descuadrar inventarios y lucrarse con los enfermos, vendiendo a precio de oro, entre 60.000 y 70.000 pesetas la dosis. Unos 400€ de ahora. Una burrada para aquella época.

El único que seguía trabajando a la estela del doctor, incansable, era Emilio Alfaro, que lo hacía por dos. Ignacio, mientras tanto, firmaba un nuevo contrato con Quiron. Aumentando la fabricación a gran escala de la medicina con la supervisión desde su cómodo refugio en el pueblo aragonés.

Volvió a desaparecer durante un período más corto de tiempo y cuando contactó nuevamente con Emilio, le dijo que quizás salía de España, había firmado un contrato enorme con la conocida Pool Vichy en Burgos y tenía que viajar.

SABADO gráfico

NÚM. 862 · 8 DICIEMBRE 1973 · 20 PTAS.

LOS SILENCIOS DEL DOCTOR BLANCO Y EL ETERNO TEMA DEL CÁNCER

EL EX PRESIDENTE DE VENEZUELA, TRAS LAS HUELLAS DE PERÓN
(Declaraciones de Pérez Jiménez)

LOS ESCAMOTEADOS DERECHOS DE LOS JÓVENES

TERCERA CARTA A UNA IDIOTA ESPAÑOLA

157

El Doctor Blanco Cordero tuvo que callar mucho, demasiado para aguantarlo sin represalias. La prensa, ya nacional, se preguntaba si realmente existía una conspiración en torno a la creación de una nueva medicina mucho más eficaz a posteriori y, no solo totalmente indolora, sino que cualquier tipo de afección en consecuencia disminuía notablemente.

Comentan desde "Sábado Gráfico" la irreversibilidad del producto que el Doctor Blanco había creado. Ya era demasiado conocido. Narran, entonces, la situación al borde del año 1973 con los organismos tradicionales con el título: "Los silencios del Doctor Blanco". Subtítulo: "Nos hallamos ante algo irreversible":

"El problema es sumamente complejo, porque el nuevo producto es suceptible de barrer todos los métodos tradicionales. Existe una lógica implacable para oponerle toda suerte de resistencias. Todos los quimioterápicos que se administran hoy en España son de procedencia extranjera, fabricados bajo licencia y devengan importantes "royalties". Las líneas de fabricación de los quimioterápicos se reducirían casi por completo, desbancadas por el nuevo producto.

Por otra parte, las numerosas consultas de las radioterapeutas que se hallan hoy en funcionamiento han supuesto la inversión de no menos de quince o veinte millones de pesetas cada una. Esta especialización de punta basada en el manejo de costosas instalaciones entra en contradicción con la más preciada máxima de la Medicina: "Antes que nada, no dañar", y el capital invertido se resiste a ser negado.

Estos problemas son determinantes en la hora actual y presionan para crear una conciencia oscura, independizándose, a veces contra la propia honradez profesional de los médicos, para seguir defendiendo su derecho a la continuidad. La quimioterapia se emplea sobre todo y casi exclusivamente cuando han fallado las primeras bases del tratamiento, la cirugía y la irradiación.

Ante productos altamente tóxicos y ante métodos de una agresividad descomunal, la droga del doctor Blanco se caracteriza precisamente por todo lo contrario. Sus efectos beneficiosos se empiezan a valorar ahora, y todo hace pensar, a pesar de todas las resistencias, terminará por imponerse. A la vista de algunos hechos producidos en las últimas semanas, sólo cabe llegar a la conclusión de que nos encontramos ante algo irreversible".

Desgraciadamente, en 1976, fue reversible. El doctor falleció.

Durante los últimos años, se especuló con la medicina, muchos aprovechados y caraduras prometían tener la medicina "milagrosa" del doctor Blanco, hablando en su nombre sin, en la mayoría de los casos, conocerle siquiera. Ésto no evitó que aprovecharán los detractores para hinflar las sospechas contra la medicina y su creador. En el apartado "¿Ha habido mercado negro?", se plantean todas las incógnitas y por qués nacidos de la incertidumbre sobre este tema:

"Las cartas que hemos recibido en nuestra redacción, escritas en su mayoría por familiares de enfermos, poseen un valor testimonial fuera de lo común.

Nos parece interesante destacar aquí un factor común a todas ellas. Los familiares se muestran dispuestos "a cualquier cosa" con tal de resolver el tremendo problema. Los ajenos a la enfermedad, los que han tenido la fortuna de no conocerla ni remotamente, no pueden hacerse una idea de lo que significa asistir impotentes al aniquilamiento de un familiar corroído por el sufrimiento más atroz.

Yo he tenido la desgracia de presenciar casos horribles (destaca Don Eliseo Bayo): los de enfermos que suplican a gritos la muerte para acabar de una vez de padecer. Si el sufrimiento de los millares de enfermos pudiera hacerse de alguna manera público y mensurable, de seguro que oscurecería nuestra historia y crearía una imagen desquiciada y acongojante de nuestro planeta.

En este clima, no es de extrañar la supuesta aparición de especuladores que intenten traficar con un producto inexistente o con algún "stock" residual.

Las primeras noticias sobre la labor del doctor Blanco atrajeron a Zaragoza a millares de familiares de enfermos. Se calcula que más de cinco mil llenaron los hoteles, las clínicas y las pensiones durante unas semanas. Desde Alemania se fletó un avión y se llegó a decir que sus ocupantes estaban dispuestos a comprar el medicamento "a precio de esmeralda".

Las pruebas clínicas se ralizaron con toda normalidad a enfermos censados por la **Dirección General de Sanidad** y asistidos en centros reconocidos. **El tratamiento fue gratuito y nadie de los que intervinieron en él se benefició economicamente.**

Es conocido lo que ocurrió después. De pronto, cuando todo funcionaba con normalidad y se habían obtenido resultados muy positivos, el medicamento dejó de ser eficaz, hasta el punto de que empeoraron inexplicablemente varios enfermos. El doctor Blanco actuó con energía y solicitó la inmediata retirada del producto, alegando que los resultados no obedecían a las características farmacológicas del medicamento. La Dirección General de Sanidad había suspendido el aumento de enfermos a tratar y había limitado el tiempo a cuarenta días (?).

Durante aquellas semanas varias clínicas zaragozanas recibieron importantes "stocks del medicamento. Bajo la vigilancia del doctor Blanco se habían fabricado unos dos mil kilogramos, suficientes para tratar un número considerable de enfermos. La dosis es muy variable y depende de las reacciones del paciente. Los tratamientos han oscilado desde los veinte días a los seis meses. Hubo casos espectaculares de regresión de la enfermedad con dosis muy reducidas.

¿Qué fundamento tienen las noticias que hablan de la existencia de un mercado negro del producto? Sólo las personas que hayan sido víctimas de una especulación podrían aclararlo, pero por ahora no se ha producido ninguna denuncia en este sentido. Obviamente, el mercado negro sólo puede realizarse contando con la existencia de un producto.

En una clínica de Zaragoza se sigue el tratamiento de algunos enfermos censados con el producto controlado. Por su parte, el doctor Blanco trabaja en estos momentos en la obtención de una cantidad importante que se canalizará hacia las clínicas que puedan administrarlo.

Hasta ahora, sólo el doctor Blanco y el Laboratorio Casen, de Zaragoza, conocen el método de fabricación. El Laboratorio, requerido notarialmente por el doctor para que suspendiera la obtención del producto, no puede fabricarlo.

Si se ha producido una especulación de mercado negro, sólo cabe esta alternativa: que se haya vendido un producto adulterado e inexistente o que haya sido obtenido de alguna clínica en los momentos iniciales de las pruebas.

...otras que albergaban íntimos recelos van tomando posiciones más claras. Ya no se conspira sólo para ahogar el nacimiento definitivo de la droga, sino para ocupar los primeros sitios en lo que ha de convertirse en la carrera del siglo.

Mientras tanto, la Dirección General de Sanidad mantiene un espeso silencio sobre el tema. Diversas Asociaciones de la Lucha contra el Cáncer han manifestado su hostilidad contra el medicamento y la misma actitud han mantenido muchos oncólogos y no menos radiólogos.

Lo único que había hasta ahora

EL cáncer, digámoslo una vez más, es la «enfermedad» —el doctor Blanco la califica de «estado biológico nuevo»— que ha merecido una mayor publicidad. Esencialmente es un trance conflictivo. Millones de personas lo padecen y otros tantos lo contrarán irremediablemente, y hasta ahora no se había descubierto un procedimiento totalmente eficaz para combatirlo. La propia aparatosidad —ligada al carácter de incurabilidad, de incremento numérico importante y acompañada de dolores terribles— ha propiciado la existencia de una serie de Asociaciones para combatirla. La labor de ésta sería encomiable mientras no anteponían cuestiones de prestigio a una lucha abierta a todas las soluciones.

Digamos también que ninguna otra enfermedad ha sido tan directamente intervenida por el capital. Las instalaciones de lucha contra el cáncer requieren la aportación de grandes sumas de capital, y el tratamiento, en consecuencia, es considerablemente caro.

Está perfectamente demostrado que la radioterapia produce efectos secundarios terribles. La prueba es que la simple radiación residual del radiólogo y de sus colaboradores acaba muchas veces produciéndoles gravísimas quemaduras. Muchos de ellos han tenido que ser amputados de dedos, e incluso de manos, y han sufrido problemas de fertilidad. Se construyen aparatos cada vez más perfectos que no eliminan totalmente el peligro.

Por su parte, la quimioterapia maneja preparados de toxicidad descomunal. Muchos pacientes tienen que suspender el tratamiento porque no pueden soportarlo.

Estos procedimientos eran los únicos que había hasta ahora, y suponen un esfuerzo digno de ser valorado. Los médicos no tenían otra posibilidad, y se aferraban a ella, alentados, además, por las mejorías que se observaban en algunos casos. Esos resultados positivos han sido totalmente superados por la droga del doctor Blanco, cuya no toxicidad y acción enérgica sobre el dolor han quedado demostradas. La Dirección General de Sanidad concedió el permiso para experimentaciones clínicas con el producto del doctor Blanco, porque ya había demostrado sin lugar a dudas su no toxicidad y su acción farmacológica.

Nos hallamos ante algo irreversible

EL problema es sumamente complejo, porque el nuevo producto es susceptible de barrer todos los métodos tradicionales. Existe una lógica implacable que se opondría a toda suerte de resistencias. Todos los quimioterápicos que se administran hoy en España son de procedencia extranjera, fabricados bajo licencia y devengan importantes «royalties». Las líneas de fabricación de los quimioterápicos se reducirían casi por completo, desbancadas por el nuevo producto. Por otra parte, las numerosas consultas de los radioterapeutas que se hallan en funcionamiento han supuesto la inversión de no menos de quince o veinte millones de pesetas cada una. Esta especialización de punta basada en el manejo de costosas instalaciones entra en conflicto con la más preciada máxima de la Medicina: «Antes que nada, no dañar», y el capital invertido se resiste a ser negado.

Estos problemas son determinantes en la hora actual y presionan para crear una conciencia oscura, independizándose, a veces contra la propia honradez profesional de los médicos, para seguir defendiendo su derecho a la continuidad. La quimioterapia se emplea sobre todo y casi exclusivamente cuando han fallado las primeras bases del tratamiento, la cirugía y la irradiación.

Ante productos altamente tóxicos y ante métodos de una agresividad descomunal, la droga del doctor Blanco se caracteriza precisamente por todo lo contrario. Sus efectos beneficiosos se empiezan a valorar ahora, y todo hace pensar que, a pesar de todas las resistencias, terminará por imponerse. A la vista de algunos hechos producidos en las últimas semanas, sólo cabe llegar a la conclusión de que nos encontramos ante algo irreversible.

¿Ha habido mercado negro?

LAS cartas que hemos recibido en nuestra redacción, escritas en su mayoría por familiares de enfermos, poseen un valor testimonial fuera de lo común. Nos parece interesante destacar aquí un factor común a todas ellas. Los familiares no se muestran dispuestos «a cualquier cosa» con tal de resolver el tremendo problema. Los ajenos a la enfermedad, los que han tenido la fortuna de no conocerla ni remotamente, no pueden hacerse una idea de lo que significa asistir impotentes al aniquilamiento de un familiar corroído por el sufrimiento más atroz. Yo he tenido la desgracia de presenciar casos horribles: los de enfermos que suplican a gritos la muerte para acabar de una vez de padecer. Si el sufrimiento de los millares de enfermos pudiera hacerse de alguna manera público y mensurable, de seguro que oscurecería nuestra historia y crearía una imagen desquiciada y acongojante de nuestro planeta.

En este clima, no es de extrañar la supuesta aparición de especuladores que intentan traficar con un producto inexistente con algún «stock» residual. Las primeras noticias sobre la labor del doctor Blanco atrajeron a Zaragoza a millares de familiares de enfermos. Se calcula que más de cinco mil llenaron los hoteles, las clínicas y las pensiones durante unas semanas. Desde Alemania se fletó un avión y se llega a decir que sus ocupantes estaban dispuestos a comprar el medicamento a precio de esmeralda. Las pruebas clínicas se realizaron con toda normalidad a enfermos censados por la Dirección General de Sanidad y asistidos en centros reconocidos. El tratamiento fue gratuito y nadie de los que intervinieron en él se benefició económicamente. Se conoció lo que ocurrió después. De pronto, cuando todo funcionaba con normalidad y se habían obtenido resultados muy positivos, el medicamento dejó de ser eficaz, hasta el punto de que empeoraron inexplicablemente varios enfermos. El doctor Blanco actuó con energía y solicitó la inmediata retirada del producto, alegando que los resultados no obedecían a las características farmacológicas del medicamento. La Dirección General de Sanidad había suspendido el aumento de enfermos a tratar y había limitado el tiempo a cuarenta días (?).

Durante aquellas semanas varias clínicas zaragozanas recibieron importantes «stocks» del medicamento. Bajo la vigilancia del doctor Blanco se habían fabricado unos dos mil kilogramos, suficientes para tratar un número considerable de enfermos. La dosis es muy variable y depende de las reacciones del paciente. Los tratamientos han oscilado desde los veinte días a los seis meses. Hubo casos espectaculares de regresión de la enfermedad con dosis muy reducidas.

¿Qué fundamento tienen las noticias que hablan de la existencia de un mercado negro del producto? Sólo las personas que hayan sido víctimas de una especulación podrían aclararlo, pero por ahora no se ha producido ninguna denuncia en este sentido. Obviamente, el mercado negro sólo puede realizarse contando con la existencia de un producto. En una clínica de Zaragoza se sigue el tratamiento de algunos enfermos censados con el producto controlado. Por su parte, el doctor Blanco trabaja en estos momentos en la obtención de una cantidad importante que se canalizará hacia las clínicas que puedan administrarlo. Hasta ahora, sólo el doctor Blanco y el Laboratorio Casen, de Zaragoza, conocen el método de fabricación. El Laboratorio, requerido notarialmente por el doctor para que suspendiera la obtención del producto, no puede fabricarlo. Si se ha producido una especulación de mercado negro, sólo cabe esta alternativa: que se haya vendido un producto adulterado e inexistente o que haya sido obtenido de alguna clínica en los momentos iniciales de las pruebas.

Los familiares de enfermos no han de recurrir a ninguna fuente extraña para conseguir el medicamento, ni fiarse de promesas por más responsables que aparenten. Sólo una normalidad de la fabricación y un control oficial, con la confianza otorgada al doctor Blanco, pueden hacer imposible la existencia de un mercado negro.

Durante dos meses hemos permanecido en silencio, pero siguiendo muy de cerca la evolución de lo que consideramos el gran suceso de nuestro tiempo. Hemos recibido numerosas cartas y en su momento oportuno (ver SABADO GRAFICO, número 852) dimos las razones para no contestarlas individualmente. Pero muchos de nuestros comunicantes, ajenos a problemas propios o familiares, nos han enfrentado a un compromiso. «Ustedes —venían a decir— han publicado los largos trabajos sobre el doctor Blanco y ahora callan. ¿Es que sólo había sensacionalismo en ellos? ¿Qué ha pasado?». Evidentemente, tenían razón en la formulación de sus preguntas. La responsabilidad del escritor y del periodista va más allá de «levantar una liebre». Ha de seguir su carrera y describir sus evoluciones.

El presente trabajo pretende resumir el estado actual de «la liebre», siguiendo estas pistas: «¿Qué ha pasado durante estos dos meses? ¿Qué hace en estos momentos la Dirección General de Sanidad? ¿Qué actitud adopta el Laboratorio Casen? ¿Qué nuevas historias clínicas se han aportado? ¿Qué médicos han hablado y cuál es la situación de los trabajos del doctor Blanco?».

Un pequeño escándalo

DURANTE estos meses ha sido significativa la posición mantenida por el Laboratorio Ulia, de Zaragoza, el primero en el que trabajó el doctor Blanco. Su director, don Fernando Cuenca, es el presidente provincial de la Asociación Española contra el Cáncer. Con motivo de la cuestación en favor de la Lucha contra el Cáncer, se convocó en Zaragoza una rueda de prensa, y don Fernando Cuenca se destapó con unas declaraciones, recogidas por la prensa zaragozana y rectificadas posteriormente por don Fernando. Según lo publicado por «Heraldo de Aragón» —periódico que no ha demostrado nunca su entusiasmo por los trabajos del doctor Blanco—, don Fernando Cuenca venía a decir que todo el entorno del medicamento había sido un atropello a la investigación clínica, que se había jugado alegremente con la esperanza de los enfermos y que las pruebas clínicas se habían realizado en un ambiente poco serio. Se refirió después al doctor Blanco, y dijo que éste había ido a proponerle su colaboración, pero que prescindió de ella porque las pruebas experimentales no habían dado resultado. Afirmó también que el doctor Blanco no había completado ningún trabajo en el Laboratorio Ulia.

A estas declaraciones replicó el doctor Alfaro con una nota muy enérgica en la que le recor...

25

y otras que albergaban íntimos recelos van tomando posiciones más claras. Ya no se conspira sólo para ahogar el nacimiento definitivo de la droga, sino para ocupar los primeros sitios en lo que ha de convertirse en la carrera del siglo.

Mientras tanto, la Dirección General de Sanidad mantiene un espeso silencio sobre el tema. Diversas Asociaciones de la Lucha contra el Cáncer han manifestado su hostilidad contra el medicamento y la misma actitud han mantenido muchos oncólogos y no menos radiólogos.

Lo único que había hasta ahora

EL cáncer, digámoslo una vez más, es la «enfermedad» —el doctor Blanco la califica de «estado biológico nuevo»— que ha merecido una mayor publicidad. Esencialmente es un trance conflictivo. Millones de personas lo padecen y otros tantos lo contraerán irremediablemente, y hasta ahora no se había descubierto un procedimiento totalmente eficaz para combatirlo. La propia aparatosidad —ligada al carácter de incurabilidad, de incremento numérico importante y acompañada de dolores terribles— ha propiciado la existencia de una serie de Asociaciones para combatirla. La labor de éstas sería encomiable mientras no antepusieran cuestiones de prestigio a una lucha abierta a todas las soluciones.

Digamos también que ninguna otra enfermedad ha sido tan directamente intervenida por el capital. Las instalaciones de lucha contra el cáncer requieren la aportación de grandes sumas de capital, y el tratamiento, en consecuencia, es considerablemente caro.

Está perfectamente demostrado que la radioterapia produce efectos secundarios terribles. La prueba es que la simple radiación residual del radiólogo y de sus colaboradores acaba muchas veces produciéndoles gravísimas quemaduras. Muchos de ellos han tenido que ser amputados de dedos, e incluso de manos, y han sufrido problemas de fertilidad. Se construyen aparatos cada vez más perfectos que no eliminan totalmente el peligro.

Por su parte, la quimioterapia maneja preparados de toxicidad descomunal. Muchos pacientes tienen que suspender el tratamiento porque no pueden soportarlo.

Estos procedimientos eran los únicos que había hasta ahora, y suponen un esfuerzo digno de ser valorado. Los médicos no tenían otra posibilidad, y se aferraban a ella, alentados, además, por las mejorías que se observaban en algunos casos. Esos resultados positivos han sido totalmente superados por la droga del doctor Blanco, cuya no toxicidad y acción enérgica sobre el dolor han quedado demostradas. La Dirección General de Sanidad concedió el permiso para experimentaciones clínicas con el producto del doctor Blanco, porque se habían demostrado sin lugar a dudas su no toxicidad y su acción farmacológica.

Nos hallamos ante algo irreversible

EL problema es sumamente complejo, porque el nuevo producto es susceptible de barrer todos los métodos tradicionales. Existe una lógica implacable para oponerle toda suerte de resistencias. Todos los quimioterápicos que se administran hoy en España son de procedencia extranjera, fabricados bajo licencia y devengan importantes «royalties». Las líneas de fabricación de los quimioterápicos se reducirían casi por completo, desbancadas por el nuevo producto. Por otra parte, las numerosas consultas de los radioterapeutas que se hallan hoy en funcionamiento han supuesto la inversión de no menos de quince o veinte millones de pesetas cada una. Esta especialización de punta basada en el manejo de costosas instalaciones entra en contradicción con la más preciada máxima de la Medicina: «Antes que

nada, no dañar», y el capital invertido se resiste a ser negado.

Estos problemas son determinantes en la hora actual y presionan para crear una conciencia oscura, independizándose, a veces contra la propia honradez profesional de los médicos, para seguir defendiendo su derecho a la continuidad. La quimioterapia se emplea sobre todo y casi exclusivamente cuando han fallado las primeras bases del tratamiento, la cirugía y la irradiación.

Ante productos altamente tóxicos y ante métodos de una agresividad descomunal, la droga del doctor Blanco se caracteriza precisamente por todo lo contrario. Sus efectos beneficiosos se empiezan a valorar ahora, y todo hace pensar que, a pesar de todas las resistencias, terminará por imponerse. A la vista de algunos hechos producidos en las últimas semanas, sólo cabe llegar a la conclusión de que nos encontramos ante algo irreversible.

¿Ha habido mercado negro?

LAS cartas que hemos recibido en nuestra redacción, escritas en su mayoría por familiares de enfermos, poseen un valor testimonial fuera de lo común. Nos parece interesante destacar aquí un factor común a todas ellas. Los familiares se muestran dispuestos «a cualquier cosa» con tal de resolver el tremendo problema. Los ajenos a la enfermedad, los que han tenido la fortuna de no conocerla ni remotamente, no pueden hacerse una idea de lo que significa asistir impotentes al aniquilamiento de un familiar corroído por el sufrimiento más atroz. Yo he tenido la desgracia de presenciar casos horribles: los de enfermos que suplican a gritos la muerte para acabar de una vez de padecer. Si el sufrimiento de los millares de enfermos pudiera hacerse de alguna manera público y mensurable, de seguro que oscurecería nuestra historia y crearía una imagen desquiciada y acongojante de nuestro planeta.

En este clima, no es de extrañar la supuesta aparición de especuladores que intenten traficar con un producto inexistente o con algún «stock» residual. Las primeras noticias sobre la labor del doctor Blanco atrajeron a Zaragoza a millares de familiares de enfermos. Se calcula que más de cinco mil llenaron los hoteles, las clínicas y las pensiones durante unas semanas. Desde Alemania se fletó un avión y se llegó a decir que sus ocupantes estaban dispuestos a comprar el medicamento «a precio de esmeralda». Las pruebas clínicas se realizaron con toda normalidad a enfermos censados por la Dirección General de Sanidad y asistidos en centros reconocidos. El tratamiento fue gratuito y nadie de los que intervinieron en él se benefició económicamente. Es conocido lo que ocurrió después. De pronto, cuando todo funcionaba con normalidad y se habían obtenido resultados muy positivos, el medicamento dejó de ser eficaz, hasta el punto de que empeoraron inexplicablemente varios enfermos. El doctor Blanco actuó con energía y solicitó la inmediata retirada del producto, alegando que los resultados no obedecían a las características farmacológicas del medicamento. La Dirección General de Sanidad había suspendido el aumento de enfermos a tratar y había limitado el tiempo a cuarenta días (?).

Durante aquellas semanas varias clínicas zaragozanas recibieron importantes «stocks» del medicamento. Bajo la vigilancia del doctor Blanco se habían fabricado unos dos mil kilogramos, suficientes para tratar un número considerable de enfermos. La dosis es muy variable y depende de las reacciones del paciente. Los tratamientos han oscilado desde los veinte días a los seis meses. Hubo casos espectaculares de regresión de la enfermedad con dosis muy reducidas.

¿Qué fundamento tienen las noticias que hablan de la existencia de un mercado negro del producto? Sólo las personas que hayan sido víctimas de una especulación podrían aclararlo, pero por ahora no se ha producido ninguna denuncia en este sentido. Obviamente, el mercado negro sólo puede realizarse contando con la existencia de un producto. En una clínica de Zaragoza se sigue el tratamiento de algunos enfermos censados con el producto controlado. Por su parte, el doctor Blanco trabaja en estos momentos en la obtención de una cantidad importante que se canalizará hacia las clínicas que puedan administrarlo. Hasta ahora, sólo el doctor Blanco y el Laboratorio Casen, de Zaragoza, conocen el método de fabricación. El Laboratorio, requerido notarialmente por el doctor para que suspendiera la obtención del producto, no puede fabricarlo. Si se ha producido una especulación de mercado negro, sólo cabe esta alternativa: que se haya vendido un producto adulterado e inexistente o que haya sido obtenido de alguna clínica en los momentos iniciales de las pruebas.

Los familiares de enfermos no han de recurrir a ninguna fuente extraña para conseguir el medicamento, ni fiarse de promesas por más responsables que aparenten. Sólo una normalidad de la fabricación y un control oficial, con la confianza otorgada al doctor Blanco, pueden hacer imposible la existencia de un mercado negro.

Durante dos meses hemos permanecido en silencio, pero siguiendo muy de cerca la evolución de lo que consideramos el gran suceso de nuestro tiempo. Hemos recibido numerosas cartas y en su momento oportuno (ver SABADO GRAFICO, número 852) dimos las razones para no contestarlas individualmente. Pero muchos de nuestros comunicantes, ajenos a problemas propios o familiares, nos han enfrentado a un compromiso. «Ustedes —venían a decir— han publicado dos largos trabajos sobre el doctor Blanco y ahora callan. ¿Es que sólo había sensacionalismo en ellos? ¿Qué ha pasado?». Evidentemente, tenían razón en la formulación de sus preguntas. La responsabilidad del escritor y del periodista va más allá de «levantar una liebre». Ha de seguir su carrera y describir sus evoluciones.

El presente trabajo pretende resumir el estado actual de «la liebre», siguiendo estas pistas: «¿Qué ha pasado durante estos dos meses? ¿Qué hace en estos momentos la Dirección General de Sanidad? ¿Qué actitud adopta el Laboratorio Casen? ¿Qué nuevas historias clínicas se han aportado? ¿Qué médicos han hablado y cuál es la situación de los trabajos del doctor Blanco?».

Un pequeño escándalo

DURANTE estos meses ha sido significativa la posición mantenida por el Laboratorio Ulta, de Zaragoza, el primero en el que trabajó el doctor Blanco. Su director, don Fernando Cuenca, es el presidente provincial de la Asociación Española contra el Cáncer. Con motivo de la cuestación en favor de la Lucha contra el Cáncer, se convocó en Zaragoza una rueda de prensa, y don Fernando Cuenca se destapó con unas declaraciones, recogidas por la prensa zaragozana y rectificadas posteriormente por don Fernando. Según lo publicado por «Heraldo de Aragón» —periódico que no ha demostrado nunca su entusiasmo por los trabajos del doctor Blanco—, don Fernando Cuenca venía a decir que todo el entorno del medicamento había sido un atropello a la investigación clínica, que se había jugado alegremente con la esperanza de los enfermos y que las pruebas clínicas se habían realizado en un ambiente poco serio. Se refirió después al doctor Blanco, y dijo que éste había ido a proponerle su colaboración, pero que prescindió de ella porque las pruebas experimentales no habían dado resultado. Afirmó también que el doctor Blanco no había completado ningún trabajo en el Laboratorio Ulta.

A estas declaraciones replicó el doctor Alfaro con una nota muy enérgica en la que le recor-

En la página siguiente los Laboratorios Casen emiten una nota informativa sobre el tratamiento con el "I.CE.BE.-119" del doctor Blanco:

ciaba a don Fernando Cuenca los lustros transcurridos sin que éste hubiera visto a enfermos, y le aconsejaba un descanso para que se calmara. El doctor Alfaro se dirigió igualmente al Colegio de Médicos para que se abriera una investigación sobre las palabras del señor Cuenca. No hay que olvidar que el doctor Blanco había merecido una nota oficial del Colegio de Médicos por la que se respaldaba su correcta actuación profesional.

Hubo un acto de conciliación ante el Juzgado, entre don Emilio Alfaro y don Fernando Cuenca, y éste admitió que sus palabras habían sido tergiversadas por la prensa. En cuanto a sus anteriores relaciones con el doctor Blanco, se puede demostrar que el Laboratorio fue a buscarle, y no al revés, y que la prueba experimental resultó altamente positiva. A pesar de todas las dificultades con que se enfrentó el doctor Blanco mientras estuvo experimentando en el Laboratorio Ulta, hubo una regresión del 66 por 100 en el tratamiento de animales. Y también se puede demostrar que el doctor Blanco estuvo trabajando, durante seis meses, en el Laboratorio Ulta, realizando la experimentación sobre animales y un trabajo aparte sobre proteínas lácticas.

El pequeño escándalo, que amenizó las tertulias de Zaragoza durante unos días, viene a demostrar cómo pueden, a veces, tergiversarse las cosas para oponer resistencia a una labor de investigación.

Mentís al mercado negro

La posición del Laboratorio Casen, el único que hasta ahora ha entrado en los secretos del producto del doctor Blanco, como ser, teóricamente, clara. El doctor Blanco, tras el requerimiento notarial lanzado contra Casen, no ha modificado su actitud. Fue el propio Laboratorio el que tomó la iniciativa de rescindir el contrato y se eximió, además, de proseguir los trámites para la obtención de la patente.

Recientemente ha enviado una nota informativa a la prensa sobre la supuesta existencia del mercado negro, que publicamos a continuación. Sólo cabe acotar una rectificación. En el párrafo 2.3, el Laboratorio Casen se refiere a los ingredientes del producto, pero silencia que no se incluía en ellos el excipiente que dio motivo a la retirada del producto por parte del doctor Blanco.

NOTA INFORMATIVA DE LABORATORIOS CASEN SOBRE EL TRATAMIENTO CON EL "I.CE.BE.-119"

El producto sólo se ha suministrado a los centros autorizados

Laboratorios Casen nos remite para su publicación la siguiente nota:

«En relación con las informaciones que han vuelto a aparecer en la Prensa diaria, en la que se ha llegado a afirmar la existencia de un mercado negro del I.CE.BE.-119, a espaldas del doctor Blanco Cordero y de sus más inmediatos colaboradores, interesa a Laboratorios Casen hacer las siguientes puntualizaciones:

1.—Ante todo, que Laboratorios Casen ha sido, por completo, ajeno a cuantas manifestaciones y publicaciones se han realizado en los distintos medios de difusión, a las que no ha querido, hasta ahora, ni siquiera comentar, por los siguientes motivos:

a) Por el respeto que le merecen los enfermos en tratamiento y la esperanza que hubieran podido poner los mismos en la eficacia del producto.

b) Por consideración a los médicos experimentadores, que habían aceptado la responsabilidad

de estas pruebas clínicas, y a los que incumbía dar cuenta, libremente, de su resultado.

c) Por las disposiciones vigentes (Art. 73, Decreto 2.464/1963, del 10 de agosto, y Art. 16, Decreto 849/1970, del 21 de marzo), que nos prohíben toda manifestación sobre determinadas enfermedades; entre ellas, el cáncer.

d) Porque todo lo relativo a la experimentación clínica tiene carácter confidencial y reservado, y así lo declaró, concretamente para la experimentación del I.CE.BE.-119, la resolución de la Dirección General de Sanidad del 13 de julio de 1973.

e)—Que a la vista de las últimas informaciones, Laboratorios Casen estima que no puede seguir guardando silencio y, en consecuencia, pone en conocimiento público los siguientes hechos, que no tienen carácter reservado:

2.1.—Laboratorios Casen firmó con el doctor don José Ignacio Blanco Cordero un contrato de colaboración, con fecha 11 de septiembre de 1972, en uno de cuyos antecedentes el citado doctor Blanco Cordero dice poseer y ofrece a Laboratorios Casen la metódica de un nuevo procedimiento para la obtención de una sustancia activa en procesos neoplásicos, degenerativos, metabólicos, etcétera.

2.2.—Dentro de la planificación realizada, en los plazos previstos Laboratorios Casen solicitó, de acuerdo con la legislación vigente, la autorización para realizar los ensayos clínicos, la que fue concedida con fecha 26 de abril de 1973 y regulada por la resolución de la Dirección General de Sanidad antes citada, que limitó la experimentación a los pacientes en curso de tratamiento en su fecha, los cuales fueron debidamente censados, sin perjuicio de ampliarla en lo que fuera necesario si una primera evaluación de los resultados lo hiciera aconsejable.

2.3.—Laboratorios Casen, en cumplimiento de lo convenido con el doctor Blanco Cordero, puso a disposición de éste su personal, instalaciones, aparatos, reactivos, materias primas y todo lo necesario para fabricar el producto, lo que en todo momento se hizo cabalmente y estrictamente a las normas señaladas por el doctor Blanco Cordero, bajo la directa supervisión del mismo y precisamente con los ingredientes contenidos en su patente número 406.820, de 19 de septiembre de 1972, que fue la que facilitó a estos laboratorios.

En consecuencia, no admitimos en su día las imputaciones manifestadas por el doctor Blanco Cordero en su requerimiento del 17 de julio de 1973, encontrándonos todavía a la espera de que pueda demostrar, previo análisis completo en el correspondiente organismo oficial, la veracidad de sus alegaciones.

2.4.—A la vista de los resultados que iban conociéndose de la experimentación clínica, y ante la aparente falta de confianza y colaboración del doctor Blanco Cordero, demostrada al dar a la publicidad el requerimiento antes citado, Laboratorios Casen, notarialmente, denunció el contrato de colaboración y lo comunicó a la Dirección General de Sanidad y a los centros clínicos autorizados, anunciándoles, asimismo, la finalización de la experimentación clínica.

2.5.—No obstante, Laboratorios Casen, consciente de sus responsabilidades frente a la Dirección General de Sanidad, que se había reservado la aprobación de resultados de los enfermos censados, frente a los propios enfermos que se habían sometido a tratamiento y frente a la sociedad española en general, a la que había suministrado gratuitamente, como siempre, el preparado en las cantidades precisas para finalizar el tratamiento de los enfermos censados, conforme a las peticiones que siguieron formulándole los centros autorizados, a todos los cuales se agradece aquí la confianza que demostraron al seguir solicitando el preparado elaborado por Laboratorios Casen, y todo ello para llegar a finalizar la experimentación a que se había comprometido con la Dirección General de Sanidad y pudiera ésta disponer a los fines de su evaluación

2.6.—Todas las fabricaciones del producto, «stock» en almacén y existencia de cajas, han sido y son debidamente controladas, pudiendo ser examinadas por las autoridades competentes toda la documentación pertinente, así como la fiscalización de los oportunos justificantes que amparan las entregas que se han realizado a los centros autorizados.

2.7.—Ante las declaraciones publicadas en un diario nacional sobre la existencia de un mercado negro del producto I.CE.BE.-119, y ante la posibilidad de que puedan existir falsificaciones del mismo, dado que el elaborado por Laboratorios Casen sólo se ha suministrado a los centros autorizados, y éstos lo han empleado en sus enfermos en tratamiento en los mismos, según nos han comunicado, llamamos la atención el público en general y especialmente a esas personas que, según se afirma, han recibido tratamiento fuera de dichos centros, sobre la obligación que tienen de ponerlo en conocimiento de las autoridades competentes».

Se seguirá pensando en la existencia de una conspiración...

EN su momento oportuno, solicitamos de la Dirección General de Sanidad una entrevista para poder conocer la posición oficial, pero no hemos obtenido respuesta. Obra en su poder parte de la documentación sobre las pruebas experimentales realizadas en el Laboratorio Casen sobre animales, sobre las características del producto y sobre las historias clínicas. El propio doctor Blanco ha solicitado de la Dirección General de Sanidad que, en consecuencia de la rescisión del contrato con el Laboratorio Casen, no sea utilizada la documentación para ningún hecho valorativo, porque el doctor Blanco desconoce qué tipo de documentos ha enviado el Laboratorio.

Para que las cosas salgan del punto muerto en que están, parece necesaria una nueva investigación clínica con bases sólidas y homogéneas.

No se entiende cómo ha podido quedar bloqueada una decisión tan sencilla. ¿Quién compromete su «prestigio» en ella? Evidentemente, el único que saldría malparado de una constatación científica negativa sería el doctor Blanco y nadie más que él. Ningún organismo oficial o privado puede sentir menoscabo de su autoridad al permitir la continuidad de las experimentaciones. Con su conducta cerrada, en el caso de que lo sea, sólo se consigue enmascarar más aún el embrollo y perpetuar los comentarios críticos de las gentes. Porque si no se da una contestación oficial y ni se accede a una experimentación verdaderamente científica, con la plena participación del doctor Blanco, no se podrá evitar que la gente, la innumerable legión de enfermos y la todavía mayor procesión de familiares, siga pensando en la existencia de una conspiración contra el bien común.

Estamos a punto de conseguir algo trascendental

DURANTE los dos últimos meses, la experimentación clínica, con todas las limitaciones a que ha sido sometida, no ha quedado en suspenso. En Zaragoza, he podido escuchar una frase que presagia importantes acontecimientos inmediatos. No ha sido pronunciada a la ligera, ni por persona incompetente, sino por un científico de gran responsabilidad. «Estamos a punto de conseguir algo trascendental», se me ha dicho. Por otra parte, médicos de diferentes ciudades de España, que han realizado experimentaciones con el producto, se han puesto a disposición del doctor Blanco para hacerle saber los resultados positivos obtenidos.

Continúa el tratamiento en un reducido grupo de enfermos censados, y se ha observado una

170

daba a don Fernando Cuenca los lustros transcurridos sin que éste hubiera visto a enfermos y le aconsejaba un descanso para que se calmara. El doctor Alfaro se dirigió igualmente al Colegio de Médicos para que se abriera una investigación sobre las palabras del señor Cuenca. No hay que olvidar que el doctor Blanco había merecido una nota oficial del Colegio de Médicos por la que se respaldaba su correcta actuación profesional.

Hubo un acto de conciliación ante el Juzgado, entre don Emilio Alfaro y don Fernando Cuenca, y éste admitió que sus palabras habían sido tergiversadas por la prensa. En cuanto a sus anteriores relaciones con el doctor Blanco, se puede demostrar que el Laboratorio fue a buscarle, y no al revés, y que la prueba experimental resultó altamente positiva. A pesar de todas las dificultades con que se enfrentó el doctor Blanco mientras estuvo experimentando en el Laboratorio Ulta, hubo una regresión del 66 por 100 en el tratamiento de animales. Y también se puede demostrar que el doctor Blanco estuvo trabajando, durante seis meses, en el Laboratorio Ulta, realizando la experimentación sobre animales y un trabajo aparte sobre proteínas lácticas.

El pequeño escándalo, que amenizó las tertulias de Zaragoza durante unos días, viene a demostrar cómo pueden, a veces, tergiversarse las cosas para oponer resistencia a una labor de investigación.

Mentis al mercado negro

LA posición del Laboratorio Casen, el único que hasta ahora ha entrado en los secretos del producto del doctor Blanco, debe ser, teóricamente, clara. El doctor Blanco, tras el requerimiento notarial lanzado contra Casen, no ha modificado su actitud. Fue el propio Laboratorio el que tomó la iniciativa de rescindir el contrato y se eximió, además, de proseguir los trámites para la obtención de la patente.

Recientemente ha enviado una nota informativa a la prensa sobre la supuesta existencia del mercado negro, que publicamos a continuación. Sólo cabe acotar una rectificación. En el párrafo 2.3, el Laboratorio Casen se refiere a los ingredientes del producto, pero silencia que no se incluía en ellos el excipiente que dio motivo a la retirada del producto por parte del doctor Blanco.

NOTA INFORMATIVA DE LABORATORIOS CASEN SOBRE EL TRATAMIENTO CON EL "I.CE.BE.-119"

El producto sólo se ha suministrado a los centros autorizados

Laboratorios Casen nos remite para su publicación la siguiente nota:

«En relación con las informaciones que han vuelto a aparecer en la Prensa diaria, en la que se ha llegado a afirmar la existencia de un mercado negro de I.CE.BE.-119, a espaldas del doctor Blanco Cordero y de sus más inmediatos colaboradores, interesa a Laboratorios Casen hacer las siguientes puntualizaciones:

1.—Ante todo, que Laboratorios Casen ha sido, por completo, ajeno a cuantas manifestaciones y publicaciones se han realizado en los distintos medios de difusión, a las que no ha querido, hasta ahora, ni siquiera comentar, por los siguientes motivos:

a) Por el respeto que le merecen los enfermos en tratamiento y la esperanza que hubieran podido poner los mismos en la eficacia del producto.

b) Por consideración a los médicos experimentadores, que habían aceptado la responsabilidad de estas pruebas clínicas, y a los que incumbía dar cuenta, libremente, de su resultado.

c) Por las disposiciones vigentes (Art. 73, Decreto 2.464/1963, del 10 de agosto, y Art. 16, Decreto 849/1970, del 21 de marzo), que nos prohiben toda manifestación sobre determinadas enfermedades; entre ellas, el cáncer.

d) Porque todo lo relativo a la experimentación clínica tiene carácter confidencial y reservado, y así lo declaró, concretamente para la experimentación del I.CE.BE.-119, la resolución de la Dirección General de Sanidad del 13 de julio de 1973.

2.—Que a la vista de las últimas informaciones, Laboratorios Casen estima que no puede seguir guardando silencio y, en consecuencia, pone en conocimiento público los siguientes hechos, que no tienen carácter reservado:

2.1.—Laboratorios Casen firmó con el doctor don José Ignacio Blanco Cordero un contrato de colaboración, con fecha 11 de septiembre de 1972, en uno de cuyos antecedentes el citado doctor Blanco Cordero dice poseer y ofrece a Laboratorios Casen la metódica de un nuevo procedimiento para la obtención de una sustancia activa en procesos neoplásicos, degenerativos, metabólicos, etcétera.

2.2.—Dentro de la planificación realizada, en los plazos previstos Laboratorios Casen solicitó, de acuerdo con la legislación vigente, la autorización para realizar los ensayos clínicos, la que fue concedida con fecha 26 de abril de 1973 y regulada por la resolución de la Dirección General de Sanidad antes citada, que limitó la experimentación a los pacientes en curso de tratamiento en su fecha, los cuales fueron debidamente censados, sin perjuicio de ampliarla en lo que fuera necesario si una primera evaluación de los resultados lo hiciera aconsejable.

2.3.—Laboratorios Casen, en cumplimiento de lo convenido con el doctor Blanco Cordero, puso a disposición de éste su personal, instalaciones, aparatos, reactivos, materias primas y todo lo necesario para fabricar el producto, lo que en todo momento se hizo ateniéndose estrictamente a las normas señaladas por el doctor Blanco Cordero, bajo la directa supervisión del mismo y precisamente con los ingredientes contenidos en su patente número 406.820, de 19 de septiembre de 1972, que fue la que facilitó a estos laboratorios.

En consecuencia, no admitimos en su día las imputaciones manifestadas por el doctor Blanco Cordero en su requerimiento del 17 de julio de 1973, encontrándonos todavía a la espera de que nos pueda demostrar, previo análisis completo en el correspondiente organismo oficial, la veracidad de sus alegaciones.

2.4.—A la vista de los resultados que iban conociéndose de la experimentación clínica, y ante la aparente falta de confianza y colaboración del doctor Blanco Cordero, demostrada al dar a la publicidad el requerimiento antes citado, Laboratorios Casen, notarialmente, denunció el contrato de colaboración con él, en fecha 26 de julio, y seguidamente lo comunicó a la Dirección General de Sanidad y a los centros clínicos autorizados, anunciándoles, asimismo, la finalización de la experimentación clínica.

2.5.—No obstante, Laboratorios Casen, consciente de sus responsabilidades frente a la Dirección General de Sanidad, que se había reservado la evaluación de resultados con los enfermos censados, frente a los propios enfermos que se habían sometido a tratamiento y frente a la sociedad española en general, a la que había trascendido la cuestión, continuó suministrando, gratuitamente, como siempre, el preparado en las cantidades precisas para finalizar el tratamiento de los enfermos censados, conforme a las peticiones que siguieron formulándole los centros autorizados, a todos los cuales se agradece aquí la confianza que demostraron al seguir solicitando el preparado elaborado por Laboratorios Casen, y todo ello para llegar a finalizar la experimentación a que se había comprometido con la Dirección General de Sanidad y pudiera ésta disponer a los fines de su evaluación.

Proseguía el artículo con una nota informativa del propio periodista que es clave para la definición de toda esta maraña de situaciones que entorpecía la investigación y el tratamiento de los enfermos. Con el título "Estamos a punto de conseguir algo trascendental" se aclara lo siguiente:

"Durante los dos últimos meses, la experimentación clínica, con todas las limitaciones a que ha sido sometida, no ha quedado en suspenso. En Zaragoza, he podido escuchar una frase que presagia importantes acontecimientos inmediatos. No ha sido pronunciada a la ligera, ni por persona incompetente, sino por un científico de gran responsabilidad.

"Estamos a punto de conseguir algo trascendental", se me ha dicho. Por otra parte, médicos de diferentes ciudades de España, que han realizado experimentaciones con el producto, se han puesto a disposición del doctor Blanco para hacerle saber los resultados positivos obtenidos.

Continúa el tratamiento de un reducido grupo de enfermos censados, y se ha observado una notable mejoría en casi todos ellos. Incluso, ha habido casos espectaculares de regresión de la enfermedad que se harán públicos en el momento oportuno. Lentamente, al margen de la polémica y de la posible conspiración, se va imponiendo la veracidad del hallazgo. Se puede hablar de un clima general de optimismo, con todas las prudencias que lógicamente adoptan los médicos en estos casos.

¿Qué alcance tendrán estos acontecimientos inmediatos? Probablemente presentarán una evidencia irrebatible. Por el momento, lo que se puede decir es que los terribles dolores han desaparecido por completo en todos los casos y que nunca se han manifestado efectos secundarios negativos.

Todo iba desarrollándose muy rápido. Y el Doctor viajaría otra vez, fue invitado a reuniones con prestigiosos doctores, varias entrevistas en prensa, radio y televisión. A lo que se negó absolutamente a todo. Creando un aura de insensibilidad que no ayudo a su imagen. Excepto a conocer al príncipe de España, el que fue el rey Juan Carlos I, que en aquel momento no reinaba en el país, solo era un joven que daba imagen a la dinastía Borbón y andaba mucho en moto. Conoció al príncipe gracias a Blanca Mar, directora del colegio Hispano-Americano y gran diplomática.

tono, etcétera. Como explicación se dice que puede deberse a la emoción del momento, al fármaco milagroso", a la "exaltación optimista del momento". Creemos que es poco serio todo esto.

UNA VERDADERA "MAFFIA" EN TORNO AL DOCTOR BLANCO CORDERO

Uno de los elementos que más ha contribuido a formar los acontecimientos negativos de los últimos días, ha sido, sin duda alguna, debida a la ingerencia de personas extrañas en el tema.

Cierto que la "I.CE.BE. 119" tiene muchas concomitancias y perspectivas. No le faltan las económicas y sociales. Tampoco le han faltado el adobo de la picaresca española.

Alrededor del doctor Blanco Cordero se creó y se sigue manteniendo, una verdadera "maffia" que vive de su secreto y de las esperanzas de los enfermos. Personas que se titulan cargos inexistentes, relaciones fantásticas con el doctor Blanco y que cobran por establecer un contacto con él. La red es tan tupida que, sin poder dar el número preciso, éste no es inferior a las quinientas personas. Medio millar de sujetos que tratan de aprovecharse de la zozobra, ansiedad y dolor de muchos enfermos para comercializar con sus expectativas. Ninguna son personas que pertenezcan a la esfera de la medicina, que son las únicas que pueden dictaminar con facultades. Muchas creen que están haciendo un bien al doctor Blanco Cordero, cuando lo cierto es que están entenebreciendo las citas y las salidas.

UNA NUEVA ETAPA

Esto es lo que queríamos comunicar a nuestros lectores; el fármaco del doctor Blanco Cordero vuelve a llenar las esperanzas de los enfermos de cáncer. Sin poderlo atestiguar con precisión, quizás dentro de muy poco tiempo, el producto vuelva a salir a las pruebas clínicas. Saldrá de forma diferente a como hizo su aparición en la desgraciada droga de la "I.CE.BE. 119".

El número de enfermos será más reducido en nuestro país, pero parece ser que, para ahorrar los problemas que ha creado la otra etapa, se llevará la investigación también a un centro famosísimo del extranjero.

La esperanza vuelve a renacer. Que no la marchiten los oportunistas, es lo que hace falta.

ANGEL DE USA
Y VILLAMEDIANA

Iba a salir de España, volvía a tener ansiedad, volvían a tirársele encima. Todos esos clasistas que no creían en los éxitos del Doctor aunque ya tenían innumerables corroboraciones en archivos médicos, reportajes en prensa medicinal y periodística, redacciones en prensa y, sobre todo, testimonios de pacientes reales.

Incluso el registro de la patente, totalmente detallado y firmado por el Doctor. Muchas altas médicas de enfermos, curaciones casi milagrosas. Pero aún así, siempre le aplastaba la duda de los cínicos, de los que no quieren cambiar lo que les genera tantas ganancias.

Había llegado a un punto de acorralamiento tal que incluso su aspecto físico se vió afectado. También era el momento de más evidencias exitosas podía ofrecer, por lo mismo se le presionaba al mismo nivel o más, para acabar con su fuerza de voluntad y profesionalidad. En el apartado titulado "El doble asesinato del doctor Blanco" podemos conocer los detalles de esta insostenible situación:

> "Lo que está ocurriendo en estos momentos es la repetición de una vieja historia. El doctor Blanco trabaja ahora en un laboratorio con capital mayoritario extranjero. Se le han dado facilidades para que prosiga su tarea, pero ya no voy a hablar ahora de un hombre que tiene que demostrar su verdad, sino de un hombre que la posee meridianamente.
>
> Esta es la historia de una idiotez. Si las cosas se hubieran realizado de una manera normal, a estas horas ya sabríamos con certeza el alcance de su producto. Pero en el supuesto de que sea válido el descubrimiento del doctor Blanco -y ya disponemos de evidencias

científicas-, sólo puedo decir que estamos cubriéndonos de algo que no es precisamente gloria. Si un día se confirma la veracidad de la investigación, la historia nos juzgará muy duramente.

El doctor Blanco ha envejecido en dos meses. Su rostro ya no es aniñado, sino pavorosamente envejecido, surcado por las arrugas que han ido troceándolo a lo largo de noches de insomnio. He estado de nuevo con él hasta altas horas de la madrugada, cuando el mundo desaparece y surgen las confidencias. En estos momentos, el doctor Blanco se halla en la inflexión de la curva.

Hace unos meses, cuando su medicamento había producido la virtud de eliminar los dolores más agudos y de suspender el proceso de la enfermedad, el doctor Blanco estaba en contacto con sus enfermos, luchaba por ellos y palpaba la rápida y emocionante ascensión hacia la salud.

Ahora, vestido con la bata blanca de los laboratorios, se ve obligado a convertirse en un peón de brega.

La preparación del producto se prolonga durante un largo proceso que supone unas tres manipulaciones diarias, con un trabajo mecánico de varias horas. El doctor Blanco no es sólo un investigador, sino un mozo de botica. Tiene que abrir los paquetes de las materias primas, verterlos en los frascos de cristal y agitarlos incansablemente.

Digamos las cosas por su nombre. **Si el doctor Blanco fuera un pícaro de siete suelas, a estas horas ya se habría enriquecido.**

Ocasiones no le han faltado. En cambio, vive austeramente y se pasa horas y horas "amasando" el producto.

Recuerdo las largas conversaciones que sostuve con él durante el verano pasado. Era un ser proyectado hacia el futuro, una mezcla de un brujo antiguo y de científico moderno que se permitía las más audaces aventuras intelectuales. Escuché sus confidencias y vi como podían desvanecerse muchas de las angustias que nos atenazan. Para decirlo de otra manera, el doctor Blanco es un científico, pero, al mismo tiempo, un prodigioso imaginativo. Y en estos tiempos, yo creo que se debería financiar a los hombres capaces de soñar, para que fueran creando una especie de "stocks" de inquietudes y soluciones.

Hoy, una buena parte de su tiempo lo consume el doctor Blanco en la carretera para seguir de cerca los hilos de la conspiración. Se entrevista con médicos, solicita historias clínicas, quiere atrapar la honda expansiva que producen sus palabras y sus hechos. Está perdiendo un tiempo precioso. Porque, además, y esto es lo nuevo de las últimas semanas, el producto está dejando de pertenecerle. Otros médicos están confirmando los resultados positivos, mientras el doctor Blanco trabaja como peón en la retorta. El producto puede acabar devorándole. El siguiente paso monstruoso no sería el hundimiento y el fracaso de un hallazgo, sino la postergación de su autor.

Creo que el doctor Blanco no ha de convertirse en un fabricante casi clandestino de productos milagrosos, sino en un científico que entrega a la sociedad -y quizá sólo el Estado puede garantizarlo- lo mejor de sí mismo.

Pertenece a esa categoría de hombres que no pueden desperdiciar el tiempo, porque supondría un derroche contra natura. En otras ocasiones nos hemos referido a los "infinitos Mozart asesinados", disueltos por la incomprensión o por las ambiciones de las gentes. Pero, al parecer, los Mozart nacen siempre en tiempos de conspiración."

notable mejoría en casi todos ellos. Incluso, ha habido casos espectaculares de regresión de la enfermedad que se harán públicos en el momento oportuno. Lentamente, al margen de la polémica y de la posible conspiración, se va imponiendo la veracidad del hallazgo. Se puede hablar de un clima general de optimismo, con todas las prudencias que lógicamente adoptan los médicos en estos casos.

¿Qué alcance tendrán esos acontecimientos inmediatos? Probablemente presentarán una evidencia irrebatible. Por el momento, lo que se puede decir es que los terribles dolores han desaparecido por completo en todos los casos y que nunca se han manifestado efectos secundarios negativos.

El doble asesinato del doctor Blanco

HE vuelto a ver al doctor Blanco y me he mantenido fiel a mi conducta anterior. Periodísticamente habría sido un éxito fácil para mí obtener unas declaraciones suyas, pero he estimado que todavía no es el momento. El doctor Blanco es el objetivo de la conspiración y, por ahora, es mejor que vaya tramándose sola, mientras él permanece al margen de toda esta historia novelesca. A él sólo le corresponde la parte principal: seguir trabajando. Que los demás se enreden en el ovillo.

Lo que está ocurriendo en estos momentos es la repetición de una vieja historia. El doctor Blanco trabaja ahora en un laboratorio con capital mayoritario extranjero. Se le han dado facilidades para que prosiga su tarea, pero ya no voy a hablar ahora de un hombre que tiene que demostrar su verdad, sino de un hombre que la posee meridianamente. Esta es la historia de una idiotez. Si las cosas se hubieran realizado de una manera normal, a estas horas ya sabríamos con certeza el alcance de su producto. Pero en el supuesto de que sea válido el descubrimiento del doctor Blanco —y ya disponemos de evidencias científicas—, sólo puedo decir que estamos cubriéndonos de algo que no es precisamente la gloria. Si un día se confirma la veracidad de la investigación, la historia nos juzgará muy duramente.

El doctor Blanco ha envejecido en dos meses. Su rostro ya no es aniñado, sino pavorosamente envejecido, surcado por las arrugas que han ido troceándolo a lo largo de noches de insomnio. He estado de nuevo con él hasta altas horas de la madrugada, cuando el mundo desaparece y surgen las confidencias. En estos momentos, el doctor Blanco se halla en la inflexión de la curva. Hace unos meses, cuando su medicamento había producido la virtud de eliminar los dolores más agudos y de suspender el proceso de la enfermedad, el doctor Blanco estaba en contacto con sus enfermos, luchaba por ellos y palpaba la rápida y emocionante ascensión hacia la salud.

Ahora, vestido con la bata blanca de los laboratorios, se ve obligado a convertirse en un peón de brega. La preparación del producto se prolonga durante un largo proceso que supone unas tres manipulaciones diarias, con un trabajo mecánico de varias horas. El doctor Blanco no es sólo un investigador, sino un mozo de botica. Tiene que abrir los paquetes de las materias primas, verterlos en los frascos de cristal y agitarlos incansablemente. Digamos las cosas por su nombre. Si el doctor Blanco fuera un pícaro de siete suelas, a estas horas ya se habría enriquecido. Ocasiones no le han faltado. En cambio, vive austeramente y se pasa horas y horas «amasando» el producto. Recuerdo las largas conversaciones que sostuve con él durante el verano pasado. Era un ser proyectado hacia el futuro, una mezcla de brujo antiguo y de científico moderno que se permitía las más audaces aventuras intelectuales. Escuché sus confidencias y vi cómo podían desvanecerse muchas de las angustias que nos atenazan. Para decirlo de otra manera, el doc-

tor Blanco es un científico, pero, al mismo tiempo, un prodigioso imaginativo. Y en estos tiempos, yo creo que se debería financiar a los hombres capaces de soñar, para que fueran creando una especie de «stocks» de inquietudes y de soluciones.

Hoy, una buena parte de su tiempo lo consume el doctor Blanco en la carretera para seguir de cerca los hilos de la conspiración. Se entrevista con médicos, solicita historias clínicas, quiere atrapar la honda expansiva que producen sus palabras y sus hechos. Está perdiendo un tiempo precioso. Porque, además, y esto es lo nuevo de las últimas semanas, el producto está dejando de pertenecerle. Otros médicos están confirmando los resultados positivos, mientras el doctor Blanco trabaja como

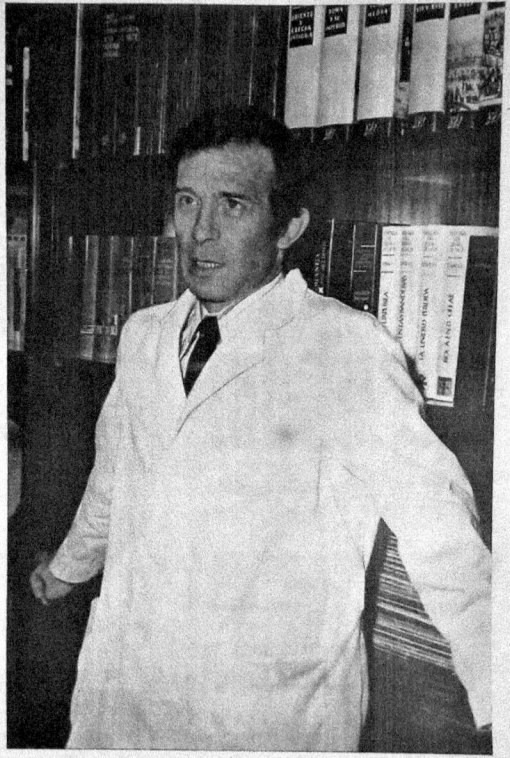

un peón en la retorta. El producto puede acabar devorándole. El siguiente paso monstruoso no sería el hundimiento y el fracaso de un hallazgo, sino la postergación de su autor.

Creo que el doctor Blanco no ha de convertirse en un fabricante casi clandestino de productos milagrosos, sino en un científico que entrega a la sociedad —y quizá sólo el Estado puede garantizarlo— lo mejor de sí mismo. Pertenece a esa categoría de hombres que no pueden desperdiciar el tiempo, porque supondría un derroche contra natura. En otras ocasiones nos hemos referido a los «infinitos Mozart asesinados», disueltos por la incomprensión o por las ambiciones de las gentes. Pero, al parecer, los Mozart nacen siempre en tiempos de conspiración ■ E. B.

notable mejoría en casi todos ellos. Incluso, ha habido casos espectaculares de regresión de la enfermedad que se harán públicos en el momento oportuno. Lentamente, al margen de la polémica y de la posible conspiración, se va imponiendo la veracidad del hallazgo. Se puede hablar de un clima general de optimismo, con todas las prudencias que lógicamente adoptan los médicos en estos casos.

¿Qué alcance tendrán esos acontecimientos inmediatos? Probablemente presentarán una evidencia irrebatible. Por el momento, lo que se puede decir es que los terribles dolores han desaparecido por completo en todos los casos y que nunca se han manifestado efectos secundarios negativos.

El doble asesinato del doctor Blanco

HE vuelto a ver al doctor Blanco y me he mantenido fiel a mi conducta anterior. Periodísticamente habría sido un éxito fácil para mí obtener unas declaraciones suyas, pero he estimado que todavía no es el momento. El doctor Blanco es el objetivo de la conspiración y, por ahora, es mejor que vaya tramándose sola, mientras él permanece al margen de toda esta historia novelesca. A él sólo le corresponde la parte principal: seguir trabajando. Que los demás se enreden en el ovillo.

Lo que está ocurriendo en estos momentos es la repetición de una vieja historia. El doctor Blanco trabaja ahora en un laboratorio con capital mayoritario extranjero. Se le han dado facilidades para que prosiga su tarea, pero ya no voy a hablar ahora de un hombre que tiene que demostrar su verdad, sino de un hombre que la posee meridianamente. Esta es la historia de una idiotez. Si las cosas se hubieran realizado de una manera normal, a estas horas ya sabríamos con certeza el alcance de su producto. Pero en el supuesto de que sea válido el descubrimiento del doctor Blanco —y ya disponemos de evidencias científicas—, sólo puedo decir que estamos cubriéndonos de algo que no es precisamente la gloria. Si un día se confirma la veracidad de la investigación, la historia nos juzgará muy duramente.

El doctor Blanco ha envejecido en dos meses. Su rostro ya no es aniñado, sino pavorosamente envejecido, surcado por las arrugas que han ido troceándolo a lo largo de noches de insomnio. He estado de nuevo con él hasta altas horas de la madrugada, cuando el mundo desaparece y surgen las confidencias. En estos momentos, el doctor Blanco se halla en la inflexión de la curva. Hace unos meses, cuando su medicamento había producido la virtud de eliminar los dolores más agudos y de suspender el proceso de la enfermedad, el doctor Blanco estaba en contacto con sus enfermos, luchaba por ellos y palpaba la rápida y emocionante ascensión hacia la salud.

Ahora, vestido con la bata blanca de los laboratorios, se ve obligado a convertirse en un peón de brega. La preparación del producto se prolonga durante un largo proceso que supone unas tres manipulaciones diarias, con un trabajo mecánico de varias horas. El doctor Blanco no es sólo un investigador, sino un mozo de botica. Tiene que abrir los paquetes de las materias primas, verterlos en los frascos de cristal y agitarlos incansablemente. Digamos las cosas por su nombre. Si el doctor Blanco fuera un pícaro de siete suelas, a estas horas ya se habría enriquecido. Ocasiones no le han faltado. En cambio, vive austeramente y se pasa horas y horas «amasando» el producto. Recuerdo las largas conversaciones que sostuve con él durante el verano pasado. Era un ser proyectado hacia el futuro, una mezcla de brujo antiguo y de científico moderno que se permitía las más audaces aventuras intelectuales. Escuché sus confidencias y vi cómo podían desvanecerse muchas de las angustias que nos atenazan. Para decirlo de otra manera, el doctor Blanco es un científico, pero, al mismo tiempo, un prodigioso imaginativo. Y en estos tiempos, yo creo que se debería financiar a los hombres capaces de soñar, para que fueran creando una especie de «stocks» de inquietudes y de soluciones.

Hoy, una buena parte de su tiempo lo consume el doctor Blanco en la carretera para seguir de cerca los hilos de la conspiración. Se entrevista con médicos, solicita historias clínicas, quiere atrapar la honda expansiva que producen sus palabras y sus hechos. Está perdiendo un tiempo precioso. Porque, además, y esto es lo nuevo de las últimas semanas, el producto está dejando de pertenecerle. Otros médicos están confirmando los resultados positivos, mientras el doctor Blanco trabaja como un peón en la retorta. El producto puede acabar devorándole. El siguiente paso monstruoso no sería el hundimiento y el fracaso de un hallazgo, sino la postergación de su autor.

Creo que el doctor Blanco no ha de convertirse en un fabricante casi clandestino de productos milagrosos, sino en un científico que entrega a la sociedad —y quizá sólo el Estado puede garantizarlo— lo mejor de sí mismo. Pertenece a esa categoría de hombres que no pueden desperdiciar el tiempo, porque supondría un derroche contra natura. En otras ocasiones nos hemos referido a los «infinitos Mozart asesinados», disueltos por la incomprensión o por las ambiciones de las gentes. Pero, al parecer, los Mozart nacen siempre en tiempos de conspiración. ■ E. B.

Ignacio no podía permitirse más estrés. Así que siguió con su mujer en el pueblo intentando buscar la tranquilidad absoluta. Entre tanto tuvieron una hija, que nació en un hospital de Quiron con el mejor de los cuidados.

Teniendo a su familia y encontrando de nuevo la felicidad, decidió tomarse unas vacaciones. Las primeras que cogía en más de 10 años de incansable y árduo trabajo.

Con su familia, decidieron ir a Vigo a pasar un par de semanas. Desde allí seguía cogiendo llamadas, seguía hablando con Emilio. Algo raro pasaba. Emilio le comentó que habían pasado unas personas muy raras por la consulta, que no tenía una buena sensación, pero tranquilizó al Doctor para que no se preocupara estando de vacaciones.

El 2 de Septiembre de 1976, en Vigo, el Doctor Ignacio Blanco muere de un paro cardíaco. En palabras del propio doctor antes de irse: "Muchos problemas, demasiadas tensiones". Oficialmente en prensa murió por enfermedad profesional.

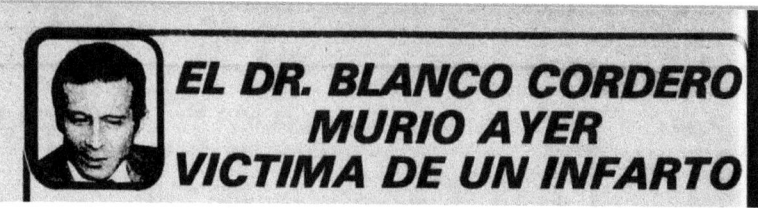

EL DR. BLANCO CORDERO MURIO AYER VICTIMA DE UN INFARTO

El entierro fue un caos, toda la guardia civil y policía local de San Mateo de Gállego y parte de la propia capital de la provincia cortaba la calle para evitar que la prensa en busca de la primera plana, apelotonada a las puertas, entrara en el cementerio.

En medio de todo el revuelo con la muerte de Franco el año anterior y en proceso de transición, se decidió archivar el asunto para evitar posicionamientos políticos, desinformaciones y un revuelo en masa de los enfermos. Y que todo este coctel ayudara a desestabilizar aún más los cimientos del país en aquel momento.

Aún así, fue portada de la prensa nacional, lo que desmebocó en innumerables movilizaciones de enfermos en las puertas de los hospitales exigiendo su medicina, el tratamiento, que se llevaría a la tumba el Doctor.

REPORTAJE

Un grupo de enfermos pide al director general de Sanidad la droga anticancerosa IBC

RAMON SANCHEZ OCAÑA

01 OCT 1978 - 00:00 CET

☉ f ✔ ⬀

A las once y media de la mañana de ayer, un grupo de enfermos
oncológicos y sus familiares acudieron a la Dirección General de
Sanidad con un objetivo claro: conseguir del director la
autorización para que se les siguiera suministrando una droga
anticancerosa a cuyo tratamiento estaban sometidos. La droga,
una de las más debatidas, ya había sido oficialmente calificada de
inútil. Se trata de la que en principio se llamaba L.CE.BE- 119, y
que posteriormente se simplificó con las iniciales de su
descubridor, Ignacio Blanco Cordero (IBC) Los enfermos en
tratamiento -suman hoy aproximadamente ochenta Y cinco- se
vieron de pronto sin esta sustancia que representaba para ellos
toda esperanza. Y es que el laboratorio que fabricaba el producto
en pequeña escala suspendió su elaboración tras la muerte del
doctor Blanco Cordero. José Ignacio Blanco Cordero, cuarenta y
dos años, falleció el día 2 de septiembre en Vigo, víctima de un
infarto de miocardio. Ya lo había dicho él cuando el corazón le
dio el primer aviso: «Muchos problemas demasiadas tensiones.».
Blanco Cordero falleció. puede afirmarse de *enfermedad
profesional*

RAMON SANCHEZ OCAÑA

01 OCT 1978 - 00:00 CET

☉ f ✔ ⬀

A las once y media de la mañana de ayer, un grupo de enfermos
oncológicos y sus familiares acudieron a la Dirección General de
Sanidad con un objetivo claro: conseguir del director la
autorización para que se les siguiera suministrando una droga
anticancerosa a cuyo tratamiento estaban sometidos. La droga,
una de las más debatidas, ya había sido oficialmente calificada de
inútil. Se trata de la que en principio se llamaba L.CE.BE- 119, y
que posteriormente se simplificó con las iniciales de su
descubridor, Ignacio Blanco Cordero (IBC).Los enfermos en
tratamiento -suman hoy aproximadamente ochenta Y cinco- se
vieron de pronto sin esta sustancia que representaba para ellos
toda esperanza. Y es que el laboratorio que fabricaba el producto
en pequeña escala suspendió su elaboración tras la muerte del
doctor Blanco Cordero. José Ignacio Blanco Cordero, cuarenta y
dos años, falleció el día 2 de septiembre en Vigo, víctima de un
infarto de miocardio. Ya lo había dicho él cuando el corazón le
dio el primer aviso: «Muchos problemas demasiadas tensiones.».
Blanco Cordero falleció, puede afirmarse de *enfermedad
profesional.*

La reunión mantenidá por los enfermos con el director general de Sanidad fue esencialmente informativa. Esta Dirección General, como tal, nada puede hacer para proporcionar este producto, ya, que su fabricación no está registrada oficialmente, ni ha hecho la correspondiente solicitud. La fabricación del producto es, pues, responsabilidad exclusiva y particular de la empresa que, para cubrir las mínimas exigencias experimentales, tenía un pequeño tren de producción.

Ni una semana más tarde, desde el conocido periódico "El País" se dejaba ver esta noticia:

≡ EL PAÍS

sociedad

El traslado del cadáver del doctor Blanco Cordero pudo ser ilegal

GERARDO GONZÁLEZ MARTIN

La semana pasada, noticias procedentes de Zaragoza dieron a conocer la muerte en Vigo, donde pasaba unas vacaciones, del doctor Blanco Cordero, polémica figura de la medicina desde que anunció el descubrimiento de una droga «ICB-118», con poderes anticancerígenos. Ahora, las autoridades sanitárias y municipales investigan el posible traslado ilegal del cuerpo.

Según el reglamento de policía mortuoria, el cadáver debió ser trasladado utilizando el servicio funerario municipalizado de Vigo, al menos en los límites de este Ayuntamiento. El servicio no fue requerido a estos efectos, por lo que ha iniciado la oportuna investigación. Tampoco hay constancia en la Jefatura Provincial de Sanidad, por lo que se ha abierto paralelamente otro informe sobre el tema.

Por qué a los fines de este año les gusta tanto hacer en las vidas de los famosos

GERARDO GONZÁLEZ MARTIN

Vigo · 08 SEPT 1976 · 00.00 CEST

La semana pasada, noticias procedentes de Zaragoza dieron a conocer la muerte en Vigo, donde pasaba unas vacaciones, del doctor Blanco Cordero, polémica figura de la medicina desde que anunció el descubrimiento de una droga «ICB-119», con poderes anticancerígenos. **Ahora, las autoridades sanitarias y municipales investigan el posible traslado ilegal del cuerpo.**

Según el reglamento de policía mortuoria, el cadáver debió ser trasladado utilizando el servicio funerario municipalizado de Vigo, al menos en los límites de este Ayuntamiento. El servicio no fue requerido a estos efectos, por lo que ha iniaciado la oportuna investigación. Tampoco hay constancia en la Jefatura Provincial de Sanidad, por lo que se ha abierto paralelamente otro informe sobre el tema.

Y tan solo dos días después, por algún motivo que se me escapa, recularon y mostraron esta otra noticia:

≡ EL PAÍS

Sociedad

No hubo traslado ilegal del cadáver del doctor Blanco Cordero

GERARDO GONZÁLEZ MARTIN

© f ♥ 𝒫

Según declaraciones de amigos del doctor Blanco Cordero, el médico zaragozano inventor de la droga anticancerígena IBC-119, su fallecimiento no se produjo en Vigo, como se ha anunciado, por lo que no habría ilegalidad en el traslado del cadáver, hecho que venían investigando la Jefatura Provincial de Sanidad de Pontevedra y el servicio funerario municipal de Vigo, según adelantó EL PAÍS.

Noticias próximas a la familia, en cuya casa estuvo alojado el fallecido, señalan que el doctor Blanco, había llegado a Redondela, en las inmediaciones de Vigo, el 27 de agosto. El día primero de septiembre, el médico– que estaba acompañado de su esposa y su hija de tres meses, viajó a Portugal y al regreso a Galicia enfermó repentinamente.

NEWSLETTER

Recibe lo mejor d artículo

Por qué a año tres gu

GERARDO GONZÁLEZ MARTIN

Vigo - 16 SEPT 1976 - 00:00 CEST

Según declaraciones de amigos del doctor Blanco Cordero, el médico zaragozano inventor de la droga anticancerígena IBC-119, su fallecimiento no se produjo en Vigo, como se ha anunciado, por lo que no habría ilegalidad en el traslado del cadáver, hecho que venían investigando la Jefatura Provincial de Sanidad de Pontevedra y el servicio funerario municipal de Vigo, según adelantó EL PAÍS.

Noticias próximas a la familia, en cuya casa estuvo alojado el fallecido, señalan que el doctor Blanco, había llegado a Redondela, en las inmediaciones de Vigo, el 27 de agosto. El día primero de septiembre, el médico» que estaba acompañado de su esposa y su hija de tres meses, viajó a Portugal y al regreso a Galicia enfermó repentinamente.

Su muerte siempre será un misterio, su recuerdo, sigue dormido en las mentes de muchísimas personas. Doy gracias de haber conocido esta historia, de ver en los conocidos ese gesto similar al encuentro de un tesoro, cada vez que reavivaba el recuerdo del Doctor después de tantos años sin recordar ya su imagen, sus vivencias, el atropello que fue toda su vida profesional, la injusticia que se cometió con su persona, su trabajo y, por supuesto, con su memoria.

Ya lo dijo Emilio Alfaro en la entrevista días después de su muerte:

"Su error fue rodearse de personas no profesionales, que le fomentaron e hicieron a su alrededor una labor publicitaria y un trabajo de relaciones públicas que no le favorecieron nada. Su labor debe ser continuada, pero seriamente, por personas que puedan ser capaces de sacar adelante este descubrimiento único, del que nunca será bastante el reconocimiento."

La investigación nunca se continuó, el estudio se archivó y prácticamente se borró al doctor José Ignacio Blanco Cordero de la historia de España y de la medicina.

Curiosamente, y por desgracia, Emilio Alfaro muere en 1994 por un tumor cerebral avanzado.

Actualmente el doctor Blanco tiene una calle en su nombre en la ciudad de Zaragoza.

Y una plaza en el pueblo donde habitó con su esposa, San Mateo de Gállego.

Don Emilio Alfaro también tiene una enorme plaza arcoidal enarcada en su nombre en la capital aragonesa.

Y con toda esta información, creo que es más que suficiente para plantearse si esta medicina merecía una segunda oportunidad, si realmente se llegó a investigar suficientemente o simplemente no interesó por las enormes pérdidas económicas. No hay que olvidar también de los aprovechados que intentaron lucrarse posteriormente con la fórmula, una fórmula inacabada que en sus avariciosas y muy poco profesionales manos, construyeron un desastre a partir de una idea hermosa y revolucionaria.

Mi una conclusión es que por favor, hagas siempre lo que sientas, lo que creas correcto, sin miedo hasta el final.

Gracias por haber llegado hasta aquí.

REGISTRO DE LA PATENTE FIRMADA Y REGISTRADA EL 22 DE AGOSTO DE 1973 POR EL DOCTOR JOSÉ IGNACIO BLANCO CORDERO

Madrid, 2 AGO. 1973

Dr. Jose Ignacio Blanco Cordero.

L.J.MEZ ACEDO Y MUDEY
P. A Fifmadot L. Ceota Fernández

406820

PATENTE DE INVENCION

Ordén nº 150

Int. Cl.ª: _A 61 K_

𝒜𝑒𝓂𝑜𝓇𝒾𝒶 𝒟𝑒𝓈𝒸𝓇𝒾𝓅𝓉𝒾𝓋𝒶

sobre:

PROCEDIMIENTO PARA LA OBTENCION DE DERIVADOS DE GLUCOSA
FARMACOLOGICAMENTE ACTIVOS.

- - - - -

Solicitante: D. JOSE IGNACIO BLANCO CORDERO, de nacionalidad española,
residente en General Ricardos nº 21, MADRID.

- - - - -

     La presente invención tiene por objeto un nuevo
procedimiento para la obtención de compuestos farmacologicamente activos, particularmente útiles en el campo de las
alteraciones fisiológicas, tales como procesos neoplásicos,
5.   degenerativos, procesos inflamatorios, etc.

M - 2

En la actualidad, el estado de la ciencia abarca tres vías convencionales para el tratamiento de los primeros, es decir de los procesos neoplásicos, como son:

a) técnica quirúrgica,

5. b) terapia por radiaciones, y

c) quimioterapia.

Aunque estas tres vías de tratamiento son ya harto conocidas, se describan a continuación, de forma somera, para fijar de forma matizada la finalidad de la presente inven-

10. ción.

En principio, puede decirse que la ciencia médica desconoce la etiología de muchos procesos destructivos y fundamentalmente las neoplasias malignas, por lo que la aplicación de alguna de estas tres vías no constituye una solución defi-

15. nitiva, si bien presentan una eficacia relativa, especialmente cuando se trata de diagnósticos precoces.

Cuando la neoplasia reviste caracteres de operabili- dad, es la amputación la técnica quirúrgica electiva, tales como gastrectomía, mactectomía e histerectomías radicales

20. ampliadas y linfadenectomías, que, a cambio de una posible curación, dejan al ser humano mutilado, deficitario y cons- ciente de su propia disminución biológica y funcional. En adi- ción, se puede decir que la radicalidad quirúrgica ha ido pro- gresando hasta llegar a la hemicorporectomía.

25. Con respecto a la segunda vía de terapia por radia- ciones, se dispone en la actualidad de una gama amplísima de tales recursos. La roentgenterapia y la radiumterapia abrieron el camino a toda clase de radiaciones con fines curativos (isótopos variados, cobaltoterapia, alta energía, batatrón,

30. etc.), encontrándonos de nuevo con la paradoja del tratamiento

de las neoplasias malignas. Ante un agente desconocido, se
utilizan energías poco dominadas y cuya matización resulta imposible frente a esa frontera, poco conocida, que marcan los
límites entre tejidos sanos y tejidos enfermos. El corolario

5. de este segundo paso terapéutico, son quemaduras brutales, fi-
brosis enormes, agotamiento y caídas de las constantes orgánicas.

Por último, la tercera vía (quimioterapia) en la lucha contra las neoplasias malignas, consiste en la utilización

10. de medios extrínsecos, en este caso productos farmacológicos,
en un intento de detener la evolución tumoral, que, como en
las terapias anteriormente descritas, no resultan inocuos para
el paciente, al tratarse de sustancias de alto grado de toxicidad, que ponen en marcha una auténtica agresión indiscrimi-

15. nada. Es probable que ejerzan un papel positivo contra el tumor, pero no es menos probable que los tejidos sanos sufran
las consecuencias de su constitución química: vómitos, alope-
cia, leucopenias, anorexia y agotamiento general.

La finalidad central de esta invención viene como

20. consecuencia de intentar el descubrimiento de una cuarta vía,
es decir, el ataque a los procesos patológicos destructivos,
mediante un procedimiento puramente biológico.

El principio de las investigaciones fué el de luchar
contra los procesos invasivos de "dentro a fuera" y con unos

25. postulados básicos de inocuidad respecto a efectos secundarios
sobre el paciente. Se trataba de encontrar y potenciar, en
principio, dentro del propio organismo humano los recursos
para la lucha, e investigar profundamente los fenómenos biológicos trastornados por la enfermedad, procurando una vuelta

30. a la normalidad de dichos fenómenos, y que la enfermedad fuera

frenada, detenida e incluso curada.

La tesis es que, la reposición de determinadas características biofísicas y bioquímicas en un organismo altera-
do, probablemente daría como resultado global, una serie de

5. actividades positivas (anti-inflamatorias, analgésicas, tóni-
cas, etc.).

El primer fundamento científico, y sobre el que hay
que tratar de producir los efectos anteriormente mencionados,
es el de la Célula.

10. Los tejidos y los órganos humanos están constituidos
por células de las mismas características, es decir, con idéntica constitución histológica que habrán de ejercer una función determinada y cuya desviación funcional produce unas manifestaciones patológicas diagnosticables.

15. Si los disturbios son de pequeña intensidad, o el
agente patógeno actúa durante breve tiempo, los mecanismos compensadores neutralizan el efecto, y en estos casos el tejido
u organo pueden acomodarse a la nueva situación sin provocar
trastornos evidenciables inmediatos pero que pueden ser origen

20. de futuras anomalías.

Es ya conocido que los tejidos u órganos tienen un
comportamiento que procede de sus constituyentes - las células-,
que a su vez tienen su propia función, y logicamente su propio
metabolismo.

25. Ahora bien, esta función y este metabolismo no se
producen de un modo aislado, sino que dependen del medio que
rodea la célula y de sus relaciones con el resto orgánico,
siendo por tanto de vital importancia que dicho medio sea normal y favorable.

30. Cuando una célula se encuentra en un medio hostil,

199

utiliza las vías metabólicas compensadoras correspondientes
(aún a expensas de un gasto energético importante) y tiende
a adoptar las condiciones necesarias que le sitúen en condiciones óptimas de supervivencia y función. Sin embargo, las

5.   posibles transformaciones no son todo lo amplias como se qui-
sieran.

Parece como si una vez iniciada la alteración pri-
maria, en una determinada célula o grupo celular, se desenca-
denara una reacción del resto de todas las células componentes,

10.   no solo de las que forman parte del grupo de la afectada, sino
de todo el sistema, de todas y cada una de las células distri-
buidas por todo el organismo que corresponden al mismo grupo
histológico, en una acción coordinada para reparar la lesión,
dando lugar a unos cambios biológicos o histo-fisiológicos,

15.   más o menos, en razón a la extensión e intensidad de la lesión,
originando una igualdad de función de todas las partes, o tal
vez unas manifestaciones biológicas y en ocasiones patológicas
de todo el sistema celular afectado, visibles en su comienzo
en las zonas de mayor actividad o responsabilidad anatómica

20.   o funcional.

Por tanto, admitida que la presencia del medio externo celular es de vital importancia, se debe seguir el perfecto equilibrio entre los dos lados de la membrana celular
que es básico para toda función biológica. La vida orgánica

25.   es un proceso dinámico y las células están en permanente estado de actividad.

Los materiales que van a entrar a formar parte de
la composición de las células, exigen su formación previa. A
ambos lados de la membrana hay diferentes composición y con-

30.   centración de sustancias que originan unas condiciones deter-

406820

minadas, como son diferencia de potencial, fenómenos de difusión, variaciones de permeabilidad de la membrana, presión
osmótica, tensión superficial (fuerzas cohesivas de Mathews),
etc. Las concentraciones iónicas actúan sobre éstos fenómenos
cuantitativamente, puesto que producen una carga igual a la
suma de las cargas de las mismas (Micela iónica de Mc Bain),
pero por otra parte tiene gran importancia la cantidad y clase
de ión, ya que cualitativamente regulan importantes condiciones,
como son la excitabilidad celular e incluso las respuestas es-
pecíficas.

Se hace ahora necesario hacer una somera descripción
del medio extracelular, con el fin de conocer los caminos para su modificación cuando presente anomalías.

En el seno del líquido extracelular se producen las
reacciones primeras que preparan y condicionan los componentes
para permitir estar en condiciones de su ingreso en la célula.
Las variaciones en la composición química del medio dificul-
tarían o impedirían estas reacciones.

El reconocimiento del espacio extracelular y de sus
condiciones químicas no es posible, y por tanto, no se puede
constatar hasta que no se produce la alteración celular.

El equilibrio desaparece por múltiples causas, desde los pequeños o grandes traumatismos, hasta agresiones de
la más diversa naturaleza, intoxicaciones, inflamaciones,
agentes químicos, agentes patógenos, etc. Cuando el desequilibrio ocasionado compromete la supervivencia celular, hay una
gran reacción que terminará con la muerte y la destrucción
celulares, y la restitución en los tejidos en los cuales es
posible, o la pérdida de función correspondiente. Cuando el
desequilibrio puede ser compensado, siguiendo otras vías, por

la capacidad defensiva de las células, éstas se alterarán
también buscando el equilibrio que necesitan y quedando todas
sus funciones supeditadas a la nueva capacidad biológica ad-
quirida, sin que el resto del organismo reaccione contra esta

5. situación y, por tanto, no se observa ninguna defensa ni
sintomatología, sino, por el contrario, una ayuda o colaboración, ya que aquella compensación es una respuesta biológica
perfecta que entra dentro de la capacidad defensiva biológica
y, por tanto, fisiológica de toda célula.

10. La aportación de materiales al medio extracelular
origina un desequilibrio que se compensa con una serie de
reacciones bioquímicas, formando a veces nuevos cuerpos orgánicos que entran como tales en el proceso metabólico u otras
uniones muy lábiles o simplemente ionizaciones cuyo efecto de-

15. saparece cuando cambian las condiciones físico-químicas del
medio en que se encuentran y, por tanto el proceso metabólico
comienza en el espacio extracelular.

No se puede abandonar el contemplar también el envejecimiento celular, con alteración progresiva de sus carac-

20. terísticas físico-químicas, normalmente seguido de disminución
de funciones, así como cambios morfológicos y estructurales,
alteraciones manifestadas más importantemente por la deshidra-
tación y la lentificación en el ritmo del crecimiento y división celular.

25. Los progresivos avances en el campo de la bioquímica
ha permitido conocer, hasta lo posible, la constitución química y la concentración, en condiciones normales, de los espacios extra e intracelular para que el equilibrio y funciones
fisiológicas sean perfectas. Pero, además, a través de los ha-

30. llazgos conseguidos, se han establecido las vías metabólicas

seguidas por los principios inmediatos en su largo camino a
través del proceso degradativo y de asimilación. Todos los
principios inmediatos comienzan su metabolismo en el momento
de su ingreso a través de la vía digestiva, transformándose
5.   en su paso hasta terminar en unos productos finales que son
eliminados a través de las diferentes vías de excreción. Sin
embargo, hay centros o núcleos metabólicos en los que se re-
lacionan los tres importantes principios, lípidos, Hidratos
de Carbono y Proteínas.

10.   Previo también a la descripción del proceso, es necesario hacer algunas consideraciones sobre el medio intracelular.

       La célula está compuesta fundamentalmente, además
de su membrana, del Citoplasma y del Núcleo. El Citoplasma
15.   presenta una serie de orgánulos que, con cometidos específicos
de vital importancia, presentan una serie de actividades y
de funciones algunas de ellas poco conocidas, tal como el metabolismo protéico y fundamentalmente la síntesis de proteínas,
así como la de ambos ácidos nucléicos (DNA y RNA).

20.   Sería interesante, aunque puede encontrarse en estudios especializados sobre el tema, explicar las diversas funciones como: la formación de las cadenas de polinucleótidos,
las secuencias de bases púricas y pirimidínicas, el fenómeno
de síntesis de DNA mediante duplicación por separación de las
25.   dos cadenas que constituyen el modelo helicoidal, siguiendo su
eje longitudinal, mediante una reacción catalizada por las
enzimas nucleótido-polimerasa, en presencia de iones magnesio
utilizando como substrato trifosfatos de nucleótidos. Los trifosfatos de nucleótidos se forman a partir de monofosfatos
30.   de nucleótidos que sufren una reacción de fosforilación oxida-

tiva, en la que el donante de ácido fosfórico es fundamentalmente el ATP, cuya fuente principal es la fosforilación oxi-
dativa que tiene lugar en las partículas de las crestas mito-
condriales. Estas reacciones están catalizadas por unos énzimas

5. denominados transfosforilasas o nucleosidomonofosfatoquinasas.
Todas las reacciones de transfosforilación son reversibles, y
tienen un extraordinario interés en bioquímica, puesto que los
derivados con dos o más moléculas de ácido fosfórico partici-
pan en procesos bioquímicos de gran importancia, mientras que

10. los monofosforilados se cree que son inactivos.

Una de las constantes que más llamó la atención para la realización de esta invención, es el contenido de urea
en sangre. Se sabe que, en condiciones de normalidad fisiológica, esta constante no se altera por el tipo de alimentación,

15. edad, constitución, etc., lo que supone un esfuerzo orgánico
importante en el mantenimiento de dicha constante, lo que
significa que tiene que tener una importante significación
fisiológica.

Se está formando y eliminando constantemente urea,

20. lo cual hace pensar que aplicando el principio de la economi-
cidad de la naturaleza, esta permanente producción y eyección
con mantenimiento al mismo nivel, debe tener importantes apli-
caciones dentro del organismo. Se piensa que realmente la importancia de la urea es tal, que su producción es contínua y

25. en gran cantidad, de tal forma que siempre esté presente en
las proporciones necesarias para su utilización inmediata.
Por otra parte, la urea constituye la única forma de reserva
de nitrógeno no tóxica conocida, puesto que la que se encuentra en las proteínas y aminoácidos forma parte de los mismos

30. como tales, y el quitárselo significaría la destrucción de

aquellos.

Bien es verdad que se conocen algunos procesos metabólicos, como la transaminación, pero únicamente en un determinado sentido, y éstos, desde luego, no pueden justificar
todo el metabolismo del nitrógeno.

Así, por ejemplo, según Kaleti y colaboradores, concentraciones determinadas de urea pueden inhibir los procesos
de fosforilación de algunos compuestos en el organismo; tal es
el caso de la formación del monofosfato de inosina (nucleóti-
do) a partir de ATP e inosina (nucleósido), proceso catalizado
por una enzima, la D. gliceraldehido - 3.P deshidrogenasa,
cuya actividad se inhibe por urea 2 M, y a concentración superior a ésta, llega a inactivarse irreversiblemente la enzima.

Razonando sobre este tema, se hizo aparente que las
proporciones sanguíneas de urea guardan relación aproximadamente molar con respecto a las concentraciones en sangre de
glucosa es decir, el peso molecular de la urea es de 60, y
el de la glucosa de 180 y las concentraciones de glucosa en
sangre son tres veces superiores a las concentraciones de
urea, lo que no pareció casual. Posiblemente urea y glucosa
en determinadas condiciones reaccionan entre sí y con otras
sustancias, formando nuevos cuerpos químicos y estas condicio
nes no se dan precisamente en el líquido sanguíneo, y por tan
to es posible que ocurran en el espesor de los tejidos.

Las uniones químicas entre urea y glucosa, es probable que estén formadas por enlaces muy débiles que se rompan
con facilidad al cambiar las condiciones del medio, separándo-
se en sus constituyentes originales, lo que dificultaría enor-
mamente su identificación y su aislamiento dentro de los teji-

dos que se producen.

Se llega a relacionar la importante actividad del yodo que se encuentra distribuído en todo el organismo, precisamente en el espacio extracelular y sin acumulación en los tejidos patológicos.

El tiroides capta el yoduro existente en sangre, lo transforma después en yodo y lo combina para formar monoyodotirosina y diyodotirosina. A base de estas dos se formarán respectivamente la tiroxina y la triyodotironina. En forma de tiroglobulina se almacena en la glándula tiroides que cede la hormona a la corriente sanguínea después de la acción enzimática de una proteasa que se encuentra en el tiroides. El yodo tiene unos efectos manifiestos sobre múltiples funciones orgánicas, como son el metabolismo basal, circulación, equilibrio hídrico, el crecimiento, la diferenciación, etc., lo cual se ha demostrado experimentalmente en organismos inferiores. Normalmente esto se produce en los organismos superiores por el papel del yodo en el metabolismo celular, cuya acción se cumple, posiblemente, por efecto indirecto sobre la respiración celular y sobre el intercambio de energía como consecuencia de provocar cambios en la estructura de la membrana mitocondrial.

En los tejidos patológicos, el yodo actúa provocando la lisis de los tejidos enfermos con rápido alivio de la sintomatología (se debe a su efecto sobre el tejido granulomatoso y no sobre la causa etiológica).

Algunos experimentos que se han hecho tanto en cobayas como en el hombre, demostraron que los yoduros tienen la propiedad de inhibir el poder antiproteinolítico del plasma, factor éste que impide la acción de las enzimas proteolí-

ticas que se encuentran en los tejidos granulomatosos y cuya
misión es favorecer la lisis de los tejidos enfermos para su
reabsorción posterior.

5. Por todo ello, y teniendo como base que el líquido
intersticial es de composición similar al plasma a excepción
de las proteínas plasmáticas, se piensa por el estudio quími-
co del plasma que habría de conocerse el estado del líquido
intersticial, y que, bajo condiciones normales, los componen-
10. tes orgánicos del espacio extracelular no se difunden al interior de la célula. Se trata de interpretar lo que ocurriría
en este espacio con sus componentes para que pueda producirse
el equilibrio dinámico con el espacio intracelular y reprodu-
cir por tanto sus propios componentes partiendo de la base de
la importancia de las proporciones moleculares de urea y glu-
15. cosa y se ha tratado de hacerlas reaccionar entre sí, con una
sal de magnesio en solución acuosa o salina fisiológica a la
temperatura más normal dentro de los límites fisiológicos,
es decir entre 36 y 40ºC, y seguidamente añadir una sal de
Iodo a la mezcla de reacción y acidificar la misma hasta un
20. pH comprendido entre 2 y 4.

Por aproximación también se han utilizado diversos
carbohidratos, especialmente aquellos cuya fórmula presenta
entre 4 y 8 carbonos, con especial dedicación en las pentosas,
así como los diferentes compuestos nitrogenados relacionados
25. con la urea, entre ellos el ácido carbámico, carbamatos, cian
amida, guanidina, etc., habiendo llegado al final de esta investigación a elegir como base firme y definitiva la glucosa
y la urea.

La aplicación de otros yoduros y sales de magnesio
30. y, por su evidente relación, el yoduro magnésico, demostró su

406020

menor o nula eficacia.

También ha habido diferentes intentos en cuanto
al modo de acidificar la reacción. Se utilizaron varios ácidos, tanto orgánicos como inorgánicos, pero en efecto, si
5. bien variable en cuanto a intensidad, nunca fué comparable
como cuando se utilizó el ácido benzóico, lo que supone un
procedimiento más complicado y laborioso.

Las temperaturas de trabajo presentan unos márgenes
de variación, así como el tiempo de reacción y de temperatura
10. y depende uno de la otra de modo inverso. Parece ser que la
temperatura ideal está más o menos en los 40ºC, siendo posible
utilizar inferiores temperaturas aunque no por debajo de los
10ºC, pero para que la reacción se cumpla se necesitan tiempos mucho mayores. A temperaturas superiores a 40º comienza a
15. disminuir la actividad del producto obtenido, acelerándose
este crecimiento muy considerablemente cuando se pasa de los
55ºC.

En cuanto a las cantidades de agua o solución salina, cuanto menos tenga que utilizarse mejores resultados se
20. obtienen.

Se puede obtener el producto en dos formas de pre-
sentación finales, dependiendo de la forma de trabajo y de las
diluciones empleadas, o bien un sólido obtenido por precipita-
ción en solución diluída, o un líquido obtenido por separa-
25. ción espontánea en soluciones muy concentradas. Ambas formas
son perfectamente válidas en cuanto a acción farmacológica,
aunque la sólida presenta menor actividad.

A continuación se citan dos ejemplos que ilustran
al procedimiento de esta invención, uno para la obtención de
30. la forma sólida y el otro para la obtención de la forma líqui-

da. Debe entenderse que los siguientes ejemplos son solamente ilustrativos de la invención y no limitativos del alcance y esencia de la misma.

EJEMPLO 1

5. En un recipiente de vidrio, se introducen 24,024 g (0,4004 moles) de urea y 24,5 g (0,1 moles) de $SO_4Mg.7H_2O$, se mezcla y se homogeniza, manteniendo la temperatura desde el principio en 40ºC, durante 2 a 4 horas, en cuyo tiempo se forma una pasta transparente y viscosa. A continuación, se añaden
10. 72,0 g (0,4 moles) de glucosa y 300-400 ml de agua destilada o solución salina fisiológica, agitando lentamente hasta la total dislución, tras lo cual la solución se deja en reposo, durante 48 horas, a la misma temperatura de 40ºC. (Opcionalmente, se pueden poner en contacto desde el principio la urea,
15. glucosa y $SO_4Mg.7H_2O$, sólidos, hasta la formación de la citada pasta, y añadir entonces el agua destilada o solución salina, o bien se pueden disolver la urea, glucosa y $SO_4Mg.7H_2O$ en el agua destilada o solución salina).

Seguidamente, se añaden 33,2 g (0,2 moles) de yodu-
20. ro potásico, agitando hasta su total disolución, y 24 horas después se añaden 24,4 g (0,2 moles) de ácido benzóico en solución alcohólica sobresaturada, o bien directamente añadiendo después alcohol hasta su total dislución. En el primero de los casos, adición de la solución sobresaturada de ácido ben-
25. zóico, se forma un precipitado blanco, abundante, que se separa por filtración y que, después de disolver en cantidad suficiente de alcohol, se agrega al líquido de filtración, precipitando en el seno del mismo un polvo fino que se recoge nuevamente por filtración. En el segundo de los casos, se ob-
30. tiene directamente el polvo fino activo, pero acompañado de

mayor cantidad de impurezas. El polvo fino resultante posee un color amarillento, tiende a formar grumos y es perfectamente soluble en agua e insoluble en alcohol.

EJEMPLO 2

Para obtener la forma líquida se siguen los mismos pasos que para la forma sólida, disolviendo la mezcla de urea y sulfato magnésico y después glucosa, en 40 ml o menos de agua destilada o solución salina. Se añade directamente el ácido benzóico y seguidamente alcohol en una cantidad suficiente para la total disolución del mismo. Igualmente, él ácido benzóico puede añadirse en solución alcohólica sobresaturada. Se mantiene el conjunto a 40ºC. Se observa la formación de tres fases, una inferior sólida y dos líquidas, perfectamente separadas, en las que la intermedia es de color más intenso y de mayor viscosidad. Por estufado, se forman en la capa superior unas costras sólidas que se separan hasta la total desaparición de dicha capa, en cuyo momento se recoge, en un recipiente aparte, la fase intermedia líquida, la cual se lleva a temperatura ambiente. Debido al cambio de temperatura, esta fase líquida adquiere un aspecto cristalino, y transcurridos unos días, comienza a formarse en la parte inferior del recipiente un líquido transparente que aumentará progresivamente, hasta que por último se estabiliza en dos caras, una líquida inferior y otra sólida superior que se separan por filtración, recogiéndose la fase líquida farmacologicamente activa. Este líquido tiene un color amarillo que varía de intensidad, es denso, oleoso y de olor y sabor característicos.

El producto obtenido por el procedimiento de la invención fué aplicado a animales al objeto de comprobar su toxicidad y su acción farmacológica sobre las constantes fisio-

lógicas del animal, aplicándose también a animales portadores
de tumores experimentales, utilizándose los tumores Krebs,
Sarcoma S-37 y Ascítico de Erlich.

ENSAYO DE LA ACCION FARMACOLOGICA

5.   Se estudia el efecto "in vivo" del compuesto obtenido por el procedimiento de la invención sobre Carcinoma Ascítico de Ehrlich (C.A.E.) en sus formas ascítica y sólida. El
tumor se mantuvo en el laboratorio por pases sucesivos a ratones SWISS homozigóticos.

10.   Se utilizaron en el experimento ratones hembras
vírgenes SWISS, homozigóticos, procedentes de Charles River
(París) - tipo CD$^{(R)}$, no consanguíneos que descienden por
cesárea (técnica COBS) de la cepa Ha/ICR Hauschka y Miranol,
Roswell Park Memorial Institute - Swiss - entre 4-6 meses de
15.   edad y aproximadamente de 30 grs. de peso.

En todos los experimentos, las células tumorales
fueron obtenidas por punción intraperitoneal, al octavo día
de inoculación en el ratón, lavadas y suspendidas en solución
salina isotónica, e implantadas en animales sanos según la
20.   técnica habitual.

Se atendió cuidadosamente para que las condiciones
ecológicas y de alimentación fueran idénticas en todos los
experimentos.

Todos los ratones fueron marcados para su identifi-
25.   cación y se anotaron sus pesos al comienzo y a lo largo de
toda la experiencia, determinando diariamente la media aritmé-
tica de cada grupo experimental y del grupo control.

En los días 8 y 12 de la inoculación, se recogió
por punción abdominal, líquido ascítico, para recuento celular.
30.   Todos los animales muertos, tanto controles como ex-

perimentales, fueron necropsiados y estudiados macroscópica y microscopicamente.

Se siguieron dos criterios en nuestros experimentos, primero el control del crecimiento tumoral, dado por la curva
5. de pesos, y la supervivencia de los animales tratados en relación con los controles. En dos de los experimentos, algunos de los animales fueron sacrificados durante la experiencia para su estudio micro y macroscópico.

Los tratamientos comenzaron en fechas diferentes en
10. relación a la inoculación del tumor, variable entre 3 días antes de la misma y 3 días después. En algún grupo experimental se estableció unas dosis de compuesto activo en relación a la evolución del tumor, y en uno de ellos se dejó crecer el tumor durante 3 ó 4 días y se inició el tratamiento al incrementar
15. el peso en 2 ó más gramos.

La cantidad de células tumorales inoculadas fueron de $1x10^6$, $2x10^6$ y de $8x10^6$.

Se realizó una sola experiencia en tumores sólidos transplantados y enviados al laboratorio.
20. En los grupos experimentales que fueron inoculados con $1x10^6$ y $2x10^6$ células de C.A.E. intraperitonealmente, se observó una gran diferencia en el crecimiento tumoral entre éstos y el grupo control. Los grupos controles sufrieron un incremento entre el 40 % y el 50 % de su peso vivo inicial,
25. mientras que los grupos experimentales tratados, el incremento nunca llegó al 20 % de su peso inicial vivo y que, en la mayoría de los experimentos, se reducen posteriormente hasta alcanzar los pesos iniciales.

Después de la muerte del último control, se consi-
30. guieron unas supervivencias que varían entre el 40 y el 70 por

ciento de los animales tratados y que mantenidos en nuestro laboratorio, se conservan durante meses. Algunos de estos animales tienden a desarrollar un tumor sólido de pared, y en algún caso aislado, un tumor ascítico que termina con el animal, no antes de tres meses del comienzo de la experiencia.

5.

Los grupos experimentales inoculados con dosis de 8×10^6 células, sufren un incremento de peso durante los cinco primeros días, de aproximadamente 2-3 g. para después mantener este peso o decrecer ligeramente hasta el final de la experiencia. La supervivencia es menor que en los lotes inoculados con menor número de células y oscila entre el 20 y el 40 %.

10.

En dos experimentos inoculados con 8×10^6 células, se aplicó el tratamiento durante 3 y 4 días respectivamente y se controlaron los incrementos de peso y la supervivencia. El peso de los experimentales fue mucho menor que el de los controles y la supervivencia de los tratados solo alcanzó a 3 días.

15.

No se observaron diferencias cuando el tratamiento se inició 3 días antes de inocular el tumor. Si el tratamiento se interrumpe el día de la inoculación, el tumor evoluciona como en los grupos controles y si se continúa, se obtienen los mismos resultados que en las experiencias anteriores.

20.

En uno de los grupos, se administraron al inicio dosis pequeñas que se incrementaron hasta llegar a 100 mg. en cuyo momento se observó una caída brusca de la curva, que llega a alcanzar el peso de origen, pero en este caso la supervivencia es menor.

25.

Las dosis de compuesto activo utilizadas, variaron entre 2 y 100 mg. diarias (amplitud terapéutica que permite

30.

la no toxicidad del preparado). Los resultados demostraron
que existe una relación íntima dosis/tumor. En los animales
cuyo tratamiento con dosis inferiores a 10 mg, por 30 g., se
obtienen buenos resultados, cuando el número de células inocu-
5. ladas es inferior a $2x10^6$. En concentraciones mayores de tumor
es preciso tratar con dosis proporcionalmente superiores.
Cuando el tratamiento se comienza 5-6 días después de la inoculación, no se obtuvieron respuestas con dosis pequeñas,
fué necesario emplear cantidades superiores a 50 mg/días.

10. En los tumores sólidos, se inició el tratamiento
10 días después de la implantación, cuando el tumor es mayor
de 0,5x0,5 cm. Después de 3 días de tratamiento aparece una
zona negra superficial por encima del tumor, que sigue creciendo normalmente durante los 10-12 días siguientes y poste-
15. riormente surge una limitación y pérdida de sus adherencias,
aplanándose en su parte más profunda y comenzando finalmente
su disminución hasta eliminarse una costra negra, debajo de
la cual hay tejido de granulación que se resuelve sin dejar
cicatriz.

20. ANATOMOPATOLOGIA

Los animales supervivientes sacrificados para su
estudio, no presentaron ninguna anomalidad macroscópica.

En aquellos que fueron sacrificados durante la experiencia, se observó una distribución tumoral similar a los
25. controles, destacando fundamentalmente la pequeña cantidad de
líquido ascítico, el menor crecimiento del tumor y por tanto
la menor intensidad de la invasión junto con un considerable
aumento del tamaño del bazo y no invasión de hígado, bazo,
riñones, etc.

30. Microscopicamente los ratones supervivientes sacri-

ficados, no presentan células tumorales, hay intensa hiperplasia reaccional del SRE, (sistema reticuloendotelial) con
hiperplasia de células de Kupffer del hígado, hiperplasia de
folículos linfoides, congestión en riñón, hígado, bazo y en
5.   especial en pulmones.

En los animales sacrificados durante la experiencia,
hay invasión neoplásica en la forma descrita en los trabajos
de biología de C.A.E., pero con mucha menor intensidad que en
los controles que fueron sacrificados en el mismo momento,
10.   llamando la atención la presencia de signos reaccionales a la
presencia del tumor: Hipertrofia de Bazo (dependiente en especial de la pulpa blanca) y aparición de nódulos linfoides.
También se observa congestión con vasos dilatados en todos
los órganos.

15. CONCLUSIONES

Teniendo en cuenta las características toxicológicas
y farmacológicas del compuesto activo se plantearon los experimentos partiendo de la inoculación de ($1x10^6$ y $2x10^6$) células tumorales a cada animal.

20.   Posteriormente y vistos los resultados en los experimentos anteriores, se aumentó el número de células inoculadas a $8x10^6$, cantidad extraordinariamente elevada, no utilizada normalmente en investigación oncológica. A pesar de estas
condiciones, los resultados obtenidos han sido positivos en
25.   todos los casos, como demostró claramente el estudio de las
gráficas de curvas de peso, de la supervivencia de los animales y del estudio anatomo-patológico; se ha comprobado que hay
una relación directa entre el número de células tumorales inoculadas y las dosis de compuesto activo que deben administrar-
30.   se, de tal forma que a mayor grado de invasión tumoral la do-

sis terapéutica de compuesto activo debe ser mayor.

Si se inicia el tratamiento 3 días antes de la inoculación y se suspende el mismo cuando se realiza ésta, se observó que no había diferencia en el desarrollo tumoral entre los animales tratados y los controles, lo cual parece indicar que el producto no tiene acción profiláctica cuando el tratamiento se realiza en periodos tan inmediatos a la inoculación.

Cuando el tratamiento se realiza limitándolo a 3 ó 4 días inmediatamente posteriores a la inoculación, obtenemos buenos resultados, si bien la supervivencia es menor que si los animales son tratados durante toda la experiencia.

Después del comienzo del tratamiento se observó que los grupos experimentales crecen normalmente durante los 5 ó 6 primeros días, estabilizándose posteriormente la curva y por último decreciendo para alcanzar los pesos originales; ésto parece indicar como si primero se produjera un control del crecimiento tumoral regulando su desarrollo y posteriormente sufrir una regresión y desaparición del tumor.

ENSAYO DE TOXICIDAD AGUDA

Se efectuaron ensayos con los siguientes animales:
- 210 ratones de las razas C3H y Faky de ambos sexos
- 160 ratas de la raza Wistar de ambos sexos

Se calculó la dosis letal 50 (LD_{50}) por el método de Karber, (HOFFMANN G. Les animaux de laboratorie, págs. 244-245, así como la dosis letal 100 (DL_{100}) y la dosis máxima tolerable (D. Max. T.).

RATON:

El producto ensayado se administró por vía intramuscular, subcutánea e intraperitoneal, empleando 70 animales

216

por cada vía de administración y con dosis de 100 - 125 - 135 - 140 - 150 - 180 - 200 y 250 mg por 30 gr. de animal.

Los 210 animales tenían un peso total de 4.988,8 gr., y un peso promedio de 23,75 gr. por animal.

5.

TABLA I

Vía administrac.	INTRAMUSCULAR		SUBCUTANEA		INTRAPERITONEAL	
	gr/kg	gr/60 kg	gr/kg	gr/60 kg	gr/kg	gr/60 kg
DL$_{50}$	5,225	313,50	6,108	366,48	5,233	313,98
DL$_{100}$	6,666	399,96	8,338	499,98	6,666	399,96
D. Max. T.	4,166	249,96	3,333	199,98	4,166	249,96

RATA:

El producto ensayado se administró por vía intra-

10.
peritoneal, intramuscular y subcutánea, empleando 40 animales para la vía intraperitoneal, y 60 animales tanto para la vía intramuscular como para la vía subcutánea, y con dosis de 1000 - 1250 - 1500 - 1650 - 1800 y 2100 por 250 gr. de animal.

Los 160 animales de ambos sexos, tenían un peso

15.
total de 27.806,7 gr y un peso promedio de 173,7 gr. por animal.

TABLA II

Vía administrac.	INTRAPERITONEAL		INTRAMUSCULAR		SUBCUTANEA	
	gr/kg	gr/60 kg	gr/kg	gr/60 kg	gr/kg	gr/60kg
DL$_{50}$	4,900	294,00	6,800	408,00	---	---
DL$_{100}$	6,000	360,00	---	---	---	---
D. Max. T.	4,000	240,00	5,000	300,00	6,000	360,000

Por vía intramuscular, no se ha podido hallar la
DL_{100} porque no se alcanzó la mortalidad total en los animales
ensayados.

Por vía subcutánea no se han podido hallar las DL_{50}
y DL_{100} por no haberse observado mortalidad suficiente en los
animales ensayados para calcular dichas dosis.

CONCLUSIONES:

El producto ensayado es PRACTICAMENTE NO TOXICO según la clasificación establecida por Hodge y Stemer (J. Europ.
Toxicol., Vol. III, Jul-Ag. 1971).

ENSAYO DE TOXICIDAD CRONICA

El estudio de la toxicidad crónica se realizó en
rata y hamster por vía intramuscular, durante un periodo de 3
meses, por administración repetida y a dosis diarias de 100
mg/kg.

Se emplearon ratas de la raza Wistar que tenían al
comienzo de la prueba los animales control un peso medio de
255,8 g. y los animales problema de 242,2 gr, y hamster de la
raza Aureus con un peso medio los animales control de 143,2 g.
y los animales problema de 143,9 g., al comienzo de la prueba.

Se realizó una administración diaria por inyección
intramuscular, alternativa en las patas posteriores y a razón
de 100 mg. del producto ensayado por kg. de peso.

A los animales control, se les administran las mismas
dosis que a los animales problema, pero solamente del excipiente que sirve de disolvente o vehículo para el producto que se
estudia.

RESULTADOS

La mortalidad durante la prueba realizada ha sido
en la rata, de 1 animal control, y de un animal problema,

estas muertes ocurrieron al comienzo del ensayo y verificada
la autopsia no reveló alteraciones macroscópicas de ningún
órgano, por lo que se puede decir que dichas muertes fueron
accidentales o por enfermedad (Pneumonías, otitis) y sin nin-
5.   guna relación con el tratamiento.

En los hamsters, no hubo mortalidad.

Por lo demás, no se observó a lo largo de la experiencia, ninguna modificación del comportamiento general de los
animales.

10.   Su apetito y la consistencia de las materias fecales,
fueron normales.

La curva ponderal, fué registrada en los animales control y en los animales problema, cuyos datos se pueden comprobar en la tabla siguiente.

Tiempo en Semana	ANIMAL			
	Rata		Hamster	
	Control[x]	Problema[xx]	Control[x]	Problema[xx]
t = 0	265,1	242,2	143,2	143,9
t = 1	264,9	240,8	142,0	143,5
t = 2	262,7	232,5	136,5	138,7
t = 3	270,3	244,7	128,5	135,9
t = 4	264,8	241,9	135,8	137,5
t = 5	260,6	237,7	134,5	133,7
t = 6	269,5	242,8	125,5	130,7
t = 7	270,4	247,3	126,6	130,0
t = 8	264,6	239,5	119,6	127,1
t = 9	268,1	236,2	121,7	129,0
t =10	264,5	231,6	118,1	127,6
t =11	256,0	233,0	114,4	126,6
t =12	263,0	227,6	111,6	120,7

Peso en g. al curso del tratamiento

x) 100 mg/kg de disolvente por vía intramuscular

xx) 100 mg/kg de producto por vía intramuscular.

En los exámenes necropsicos verificados periodicamente se observa:

5.   Disminución de peso, en la masa visceral total de los hamsters problema, con respecto a los hamsters control.

En las ratas problema hay un aumento de peso en la masa visceral total con respecto a las ratas control.

Macroscopicamente, los animales control, tanto ratas 10. como hamsters presentaban un aspecto normal, excepto que tanto en la cavidad torácica como en la cavidad abdominal, se aprecia la existencia de exudado.

En las ratas problema, macroscopicamente, se observó:

   - Pulmones: algo congestionados.

15.   - Paquete intestinal: disminuída su consistencia natural.

   - Hígado: presenta una tonalidad negruzca en los bordes de sus lóbulos.

   - Cavidad torácica y abdominal: existencia de exudado.

   - Resto de órganos: Normales.

20.   En los hamsters problema, se observa macroscopicamente:

   - Pulmones: vascularizados.

   - Hígado: ligeras alteraciones de coloración.

   - Riñones: Cápsula renal con superficie arrugada y as-
25.   pecto granuloso.

   - Bazo: Tonalidad negruzca en su totalidad.

   - Intestino delgado y grueso: Disminuída su consistencia natural.

   - Cavidad abdominal y torácica: Exudado

30.   - Genitales: Ligeramente disminuídos de volúmen.

220

<u>CONCLUSIONES</u>

Durante un periodo de tres meses, se ha administrado a ratas y hamsters, por vía intramuscular en dosis únicas y diarias, 100 mg/kg, que representan dos veces la dosis terapéutica recomendada.

A parte de las dos muertes ocurridas por accidente o enfermedad, a lo largo de la prueba no se ha comprobado ningún síntoma patológico, ni modificación del comportamiento general de los animales.

La administración prolongada del compuesto activo en la rata y hamster en lo que concierne a la inocuidad y a la tolerancia general, revela que el producto ensayado es PRACTICAMENTE NO TOXICO, así como la tolerancia e inocuidad son SATISFACTORIAS.

N O T A
=======

Descrita suficientemente la naturaleza del invento, así como la manera de realizarse en la práctica, debe hacerse constar que las disposiciones anteriormente indicadas son susceptibles de modificaciones de detalle en cuanto no alteren su principio fundamental, siendo lo que constituye la esencia del referido invento por lo que se solicita Patente de Invención por 20 años, en España, sobre: PROCEDIMIENTO PARA LA OBTENCION DE DERIVADOS DE GLUCOSA FARMACOLOGICAMENTE ACTIVOS; caracterizándose por lo siguiente:

1.- Procedimiento para la obtención de derivados de glucosa farmacologicamente activos, caracterizado porque:
- en una primera etapa, se pone en contacto urea con sulfato magnésico heptahidratado, en una relación molar de 1:0,06 - 0,5 a una temperatura comprendida entre 10 y 55ºC aproximadamente, se mezcla y se homogeneiza hasta la formación de una

pasta transparente y viscosa;

- en una segunda etapa, se añade glucosa a la pasta resultante, en una proporción tal que la relación molar urea:glucosa sea de 1:1, en presencia de agua destilada o solución salina

5. fisiológica, se agita lentamente y se deja en reposo a la misma temperatura comprendida entre 10 y 55ºC; y

- en una tercera etapa, se añade a la solución resultante yoduro potásico en una proporción tal que la relación molar urea:IK sea de 1:0,25-1, se agita hasta la disolución total

10. y a continuación se acidifica la solución a un pH de 2-4, mediante la adición de ácido benzóico en una proporción tal que la relación molar urea:ácido benzóico sea de 1:0,25-1.

2.- Procedimiento según la reivindicación 1, caracterizado porque durante la primera etapa y hasta el final del

15. proceso, la temperatura se mantiene preferentemente en 40ºC.

3.- Procedimiento según la reivindicación 1, caracterizado porque la primera etapa se lleva a cabo en un tiempo de 2 a 4 horas, en función de la temperatura.

4.- Procedimiento según la reivindicación 1, carac-

20. terizado porque la segunda etapa se realiza en presencia de 300 a 400 ml aproximadamente de agua destilada o solución salina fisiológica.

5.- Procedimiento según la reivindicación 1, caracterizado porque en la tercera etapa la adición del ácido ben-

25. zóico se efectúa en solución alcohólica sobresaturada.

6.- Procedimiento según la reivindicación 1, caracterizado porque en la tercera etapa, la adición del ácido benzóico se efectúa directamente, tras lo cual se añade alcohol hasta su total disolución.

30. 7.- Procedimiento según la reivindicación 1 y 4,

408920

caracterizado porque se disminuye la cantidad de agua destilada o solución salina fisiológica.

8.- Procedimiento según la reivindicación 7, caracterizado porque la cantidad de agua destilada o solución salina se rebaja preferentemente hasta 40 ml aproximadamente.

9.- Procedimiento para la obtención de derivados de
glucosa farmacologicamente activos, tal y como queda sustan-
cialmente descrito en la presente Memoria.

Esta Memoria consta de 28 hojas escritas a máquina
por una sola cara.

Madrid, 2 AGO. 1973

Dr. Jose Ignacio Blanco Cordero.

www.ingramcontent.com/pod-product-compliance
Lightning Source LLC
Chambersburg PA
CBHW070328220526
45467CB00001B/71